JN078177

チーズの歴史

CHEESE: A GLOBAL HISTORY

ANDREW DALBY
アンドリュー・ドルビー【著】
富原まさ江【訳】

原書房

目次

［……］は翻訳者による注記である。

第1章◉チーズの多彩な世界

多くの嵐にさらされてきた岩のように、パルミジャーノ・レッジャーノはチーズ界の王者として君臨している。すでに1370年にはその存在が広く知られており、当時から今と同じ牛乳を原料とした熟成ハードチーズだった。ジョヴァンニ・ボッカッチョは『デカメロン』で、「パルミジャーノをすり下ろして作った山には、マカロニとラビオリをつくり、それを一日じゅう鶏のスープで煮て暮らす人々が住んでいる」という突拍子もない話を書いている。パルミジャーノの起源についてはまだ解明されていない。ボッカッチョの時代から100年後の1475年、バルトロメオ・プラティナによる料理本『正しい食卓がもたらす喜びと健康 *De honesta voluptate et valetudine*』には「パルミジャーノはイタリアの2大高級チーズのひとつ」だと書かれているが、当時はこの人気のハードチーズの呼び方は定まっていなかったようだ。このタイプのチーズは特にポー川の谷間で出回っていた。ピアチェンツァでつくられたものを好む者、ロディ産がいいと言う者、やはりミラノのものが一番だと考える者

上段：左からマンチェゴ、チェダー、パルミジャーノ・レッジャーノ、ルブロション、モッツァレラ・ディ・ブーファラ、スティルトン、モン・ドール
下段：左からグリュイエール、ラギオール、ブリー・ド・モー、ロックフォール、ゴルゴンゾーラ。北ロンドンのチーズ専門店《ラ・フロマジュリー》にて。

――最終的に名産地の栄誉を手に入れたのはパルマだった。1519年のイギリスではパルミジャーノという言葉は広く浸透しており、ラテン語の教科書にもしばしば「パルミジャーノを食べなさい！」という例文が登場する。それもそのはず、この数年前にはローマ教皇ユリウス2世がヘンリー8世にパルミジャーノ・レッジャーノ100個を贈っていた。[1] パルミジャーノ・レッジャーノは、まさに王にふさわしい贈り物だ。1666年にロンドン大火［パン屋のかまどから出火して4日間にわたって燃え続けたロンドンの大火］が迫ってくるのを見た政治家サミュエル・ピープスと隣人たちは、貴重な財産を守るために穴を掘ったという。「そこにはワインも収められ、私はパルミジャーノも避難させた」。その頃にはぶ厚い円盤型のパルミジャーノ・レッジャーノは世界共通の美食の定番であり、料理の材料として用いられていた。それは今も変わらない。すり下ろして食べるのが一般的だが、イタリア人は塊のまま食べると美味しいと知っている。結晶のように硬く、ときには乳酸カルシウムの本物の結晶が交じっていて歯ごたえを楽しむことができる。

イタリアには、パルミジャーノ・レッジャーノよりも一般的なグラナ・パダーノや、塩味が強くシャープな味わいのペコリーノ・ロマーノといった類似品がある。ヨーロッパ以外ではパルミジャーノ・レッジャーノの廉価版も売られているが、舌の肥えた食通には歓迎されない。パルミジャーノ独特の特徴である、赤ん坊が吐き出したミルクのような食欲をそそるほのかなにおいは、廉価版ではとても再現できないからだ。

次に紹介するルブロションは、チーズの長い歴史を持つサヴォイア公国領で誕生した。シャンベリを首都とするサヴォイアはアルプス山脈の両側に広がり、15世紀の領主たちはブリーチーズと地元のチーズの長所をバランスよく活かす料理人や、世界で初めてチーズに特化した書籍『乳製品の王者 *Summa Lacticiniorum*』を著した医師を抱えていた。ちなみに、その書籍ではサヴォイアの谷間で既に製造されていた多くのチーズに肩入れすることなく、イタリアとフランスのチーズの最高級品について客観的な意見が記載されている。

ルブロションについては、ほとんど文献が残っていない。チーズにまつわる言い伝えによれば、かつてアルプスの牧場主たちは所有する牛の搾乳量によって税金を支払っていた。そのため彼らは地主の監視下で1度目の搾乳を行い、夜遅くに2度目を行うことで増税を免れていたという。これは真実だろうか？　確かに「ルブロション」（サヴォイアの方言で「再び搾る（ルブロシェ）」という言葉に由来する）は2度目に搾乳された牛乳でつくるチーズで、乳量は少なく濃厚な味わいだ。アルプス高地の両側に広がる狭い谷間や夏の牧草地で生産されるこのチーズは、サヴォイア公国がフランスとイタリアに分割された1870年代に広く普及するようになった。観光客が列車で山岳地帯に足を運び、山のチーズことルブロションをパリに持ち帰るようになったためだ。

だが、大胆な歴史家ならルブロションと関連づけたくなるような魅力的な伝説も存在する。現在ルブロションが製造されているアルプス地方のタランテーズで、1900年前にケウトロネス族という部族がローマ人に征服された。彼らは自分たちのチーズをローマに持ち込み始める。「ワトゥシクス・カゼウス」と名付けられたそのチーズに最初に着目したのは、紀元70年頃に百科全書『博物誌』を著した大プリニウスだ。また、医師ガレノスは当時ローマで入手可能だったチーズのうち、ワトゥシクス・カゼウスだけを著書『食物の特性』で絶賛している。このチーズは硬さも熟成度もほどよく、塩辛すぎず、消化もよかった。長い旅を

「チーズ」。アルベール・ロビダ画、1907年頃。ジャン・アンテルム・ブリア＝サヴァラン著『健康に良い食事の心得 *L'Art du Bien Manger*』の「箴言」用に描いた挿絵。

「チーズの王様」、ロックフォール。

経てローマに到着した後も新鮮さを保っており、当然ながらその分かなり高価だった。外側は硬く、中はまろやかでコクがあり、山の牛小屋のようなにおいがするルブロションは、この「ワトゥシクス」の子孫なのだろうか？　いずれにしても、現在のルブロションは地元の3品種の牛乳だけを使用した、全乳性で無殺菌のソフトチーズを意味する。約3週間熟成させた円盤型のルブロションは触ってみると柔らかく、ナイフを入れるとたわむが崩れることはない。クリーミーで温かみがあり、どこか親しみを覚える風味は、2度目の搾乳を知らない領主が決して味わうことのなかったものだ。

3番目のチーズ、ロックフォールはあらゆるブルーチーズ、そしてあらゆる羊乳チーズのなかで最も長い歴史を誇ると言われているが、これには少々修正が必要だ。ローマ人がフランスのニームからやって来たチーズを好んだことは間違いないが、それはコース地方ロックフォール＝シュル＝スールゾン村の岩だらけの台地にある洞窟で熟成されたものとは限らない。そう、本書で後に登場する初代神聖ローマ皇帝のカール大帝はブルーチーズ愛好家として知られる歴史最古の人物だが、彼の広大な帝国のどこでこのブルーチーズが製造されたかはわかっていないのだ。また、18世紀フランスの哲学者ドゥニ・ディドロはロックフォールを「チーズの王」とは認めなかった。

もっとも、1411年にシャルル6世（精神障害を発症したことから「狂気王」とも呼ばれる）がロックフォール村にこのチーズ製造の独占権を与えたことは事実だ。そのときにはロックフォール、そしてこのチーズを熟成するための石灰岩の洞窟は、少なくともこの地域では経済面で重要な存在となっていた。そして、遅くとも1642年にはロックフォールはパリで広く親しまれていたようで、この年サン＝タマン侯爵は『詩集 *Œuvres poétiques*』に収めたチーズの詩のなかでロックフォールを取り上げている。18世紀には、ディドロ＝ダランベールが編集した大著『百科全書 *Encyclopédie*』のチーズの項で、彼はロックフォールを「ヨーロッパでチーズと呼べる初めての品」と評した。エミール・ゾラの傑作『パリの胃袋』では、中央卸売市場のチーズ屋の様子が鮮烈な筆致で描かれている。そこではマーブル模様のロックフォールが半円状のガラス蓋の中に誇らしげに鎮座し、ガラス越しでも強いにおいを漂わせているのだ。
ブルーチーズのなかでもロックフォールには独特な特徴がある。硬く、湿気を帯び、臭みがあり、青カビの一種ペニシリウム・ロックフォルティが表面を覆い、食べると舌がぴりぴりして塩辛い。とても口に入れるのは無理だという者もいれば、このチーズをこよなく愛する者もいる。

後に紹介するイタリアのペコリーノは「羊乳チーズ」を、ヴァッカリーノ（フランス語でヴァシュラン）は「牛乳チーズ」を意味するが、このような語はもっと具体的な意味を持つ場合も多い。15世紀にはサヴォイアに有名なヴァッカリーノがあったと言われているが、それ以上のことはわかっていない。現在ヴァシュランと呼ばれるチーズには2種類あるが、牛乳が原料だということ以外にはほとんど共通点がない。そのひとつ、ヴァシュラン・フリブルジョワはスイス中部で製造されるセミハードタイプのチーズで、形は大きな円盤型、フォンデュにすると簡単に溶ける。もうひとつはフランスとスイスの国境にあるジュラ山脈でつくられる、まったく異なるチーズだ。呼び名はモン・ドール、ヴァシュラン・デュ・オー＝ドゥー（フランス産）、ヴァシュラン・モン・ドール（スイス産）とさまざまだ。熟成されるととても柔らかくなり、常温でも硬くならない。温めると液状になるためスプーンで食べる場合も多い。

香り高いチーズ、リンブルガー。リンブルガーはドイツでよくつくられ、名前の由来となったベルギーのリンブルフではめったに、あるいはまったく製造されていない。

その複雑な風味を味わうと、いろんな疑問が生じてくる。とろけるような内部、柔らかくひび割れしやすい表皮、そして熟成するためにチーズを巻くモミの樹皮はこの複雑な風味にどの程度影響を与えるのだろう？ そして、スイス産のモン・ドールとフランス産のモン・ドールとの微妙な違い、木箱で丸ごと売られている小さなチーズと切り分けて売られている大きなモン・ドールの風味や食感の違いは何なのだろう？

チーズを語る上で、特に強烈なにおいを放つエルヴを外すわけにはいかない。同じタイプとしてはマンステール、エポワス、マロワル、ヴュー・リール、リヴァロなどが有名で、ジェロームやロマデュールといった種類はあまり一般的ではない。こうした仲間と同じく、エルヴは栄養価の高いアルコール飲料を定期的に吹きつけて熟成させる。この熟成方法をとるチーズには数世紀にわたる歴史があり、同種のなかでもエルヴは特に風味が強い。

エルヴが比較的知名度が低いのは、これまで複数の名前で呼ばれてきたためだ。低地地方［ヨーロッパ北西部の北海に面する地方］でビールを吹きつけて熟成させるこの牛乳チーズは、伝統的にリンブルフという町に出荷されていた。現在、ベルギーとオランダの隣接地域もリンブルフと呼ばれている。その昔、愛好家たちは当然のようにどのリンバーガー（リンブルフチーズ）が一番美味しいかを議論していたが、19世紀初頭にはリンブルフからわずか7マイル（約11キロメートル）北西にある小さな町エルヴのチーズが最高だというのが共通の認識になっていた。エルヴ高原でつくられたこのチーズは地元の市場に卸されており、昔の案内書には「多くの人はエルヴと呼ばれるリンバーガーの不快なにおいを嫌うが、裕福な人々の間では珍味として好まれている」とある。(2) 20世紀初頭にはリンバーガーは有名となり、その模倣品がドイツ、東欧、遠く離れた北アメリカのウィスコンシンでも出回った。こうした種類は今でも人気があるが、リンブルフとその近郊ではチーズはほとんど製造されなくなり、においの強い伝統的で良質なチーズをエルヴ高原でつくり続ける人々にとっては、「リンバーガー」という名は助けどころかむしろ足かせになってしまった。現在このタイプのチーズは単に「エルヴ」と呼ばれている。

次に紹介するスティルトンは、実際の歴史よりも古い、あるいは新しい逸話が多く存在する複雑なチーズだ。もし作家ダニエル・デフォーの言葉にあるようにベルヴォアの峡谷でつくられるこのチーズが1724年にはイングランドのスティルトンという小さな町を「有名」にし、(3) 1738年に田舎のネズミが夢見る最高のチーズとして詩人アレキサンダー・ポープの心に浮かんだとすれば、このチーズはかなり以前から生産されていたに違いない。18世紀、スティルトンの名はイングランドの田舎で徐々に広がっていた。

多くのチーズは、その製造場所ではなく販売される場所にちなんで命名される。スティルトンはその典型的な例で、スティルトン村やその近隣でつくられていたわけではない（もっとも、3世紀ローマ時代のチーズ圧搾機が近年この地で発見されたが）。また、18世紀に旅館《ブルー・ベル》の経営者が販売し、駅馬車で旅に出た勇敢な人々が北や南に運んだという有名なチーズは、今私たちが想像するスティルトンではなかった。デフォーによればこのチーズには「ダニや、ときにはウジがびっしりとついており、それごと食べるためにスプーンが必要だった」。それだけ熟成が進んだチーズだったわけだが、青カビは生えていないこともあった。19世紀半ばにはチーズに湧くダニは過去のものとなり、アオカビ属のペニシリウム・ロックフォルティが少なくとも選択肢のひとつとなっていた。客のもてなし術を説いた1864年の指南書には、美食家は「青色のカビが生えたスティルトン・チーズを好む」かもしれないが、本当に良質なスティルトンは「カビが見えない」と書かれている。[4] かつてスティルトンは現代の美食家が知るどのブルーチーズよりも長く熟成されており、19世紀の食料品店では「少なくとも2年間熟成させると最高の状態になる」と客に保証していた。

昔のスティルトンがどんなチーズであったにせよ、現在では低温殺菌された牛乳からつくられる非圧搾のブルーチーズを指す（無殺菌のものがよければ、スティチェルトンというチーズがある）。スティルトンは少なくとも9週間熟成させるが、これはブルーチーズとしてはほどほどの熟成期間であり、あと5、6週間たてば完璧な状態になる。製造地の自然環境（テロワール）、牛、そして製造者の技術がその出来を左右するスティルトンには、現在の技術をもってしてもブルー・ドーヴェルニュやフルム・ダンベールには出すことのできない刺激的でシャープな味わいがある。

次に、マンチェゴ（ケソ・マンチェゴとも言う）の歴史を見てみよう。マンチェゴはマンチェガ種の羊乳を原料とし、以前は圧搾して円筒型に形成したものを編んだ帯で巻き、適度な重さの石を載せて製造していた。数世紀、いや、もしかしたら数千年にわたってスペインのラ・マンチャ地方で親しまれてきた可能性があるが、明確な文献記録は残っていない。こ

「羊乳とチーズについて」の章の挿絵。ピエロ・デ・クレッシェンツィ著『農村生活の知恵 *Liber Commodorum Ruralium*』（1490年頃）。

のチーズはラ・マンチャの男を主人公とした小説『ドン・キホーテ』（1605年）に登場するが、名前は「ケソ・マンチェゴ」ではない。この名は19世紀末になって突然文献に登場する。1882年、「ドクター・テベッセム」と名乗る料理作家がスペインで生産・製造されている美食リストを発表したのだ。果物、ケーキ、ビスケット、ウナギ、イワシ、チョリソなど幅広い食物が取り上げられるなか、著者がここに掲載する価値があると判断した唯一のチーズがマンチェゴだった。[5]これ以降、マンチェゴは新たな名誉を得たかのように定期的に料理本や小説の饗宴のご馳走、ピクニックのお供として姿を見せるようになる。もっとも、その名自体はもっと以前から知られていた。そうでなければ、より柔らかくマイルドな味の「マンチェゴ」というチーズがメキシコに存在していたことの説明がつかないだろう［16～19世紀にかけてスペインはメキシコを植民地としていた］。

マンチェゴはその名声に値するチーズだ。軽めに圧搾されるため普通のチーズよりも目が粗く、色は淡い黄金色だ。フレスコ［約1週間の熟成期間］とビエホ［長期にわたる熟成期間］の中間、約半年間の熟成期間を経てクラード［3～7ヵ月の熟成期間］と称される状態となり、驚くほどバターに似た香りと、ほのかに甘い風味が特徴だ。このチーズはマルメロから作られたペースト、クインス・チーズと相性がいい。

フランス生まれのブリーチーズは、中世終盤にはヨーロッパで最も好まれるチーズのひと

イングランド田園地帯でのチーズづくり。

つだった。フランスはもちろん、イタリアやイングランドの書物にもブリーは自国の最高級品と肩を並べると書かれている。14世紀には、フランス国王たちが晩餐会で誇らしげにブリーを振る舞っていた。その後まもなく「パリのブルジョワ」と名乗る人物がパリの出来事を綴る日記風の読み物を発表し、ブリーチーズがパリにちゃんと届くかどうかで周囲の戦火の激しさを判断したと書いている。このように、ブリーは王族にも庶民にも注目されて有名になっていったが、「中世のブリーはどんなものだったのか?」という疑問に即答する術はない。当時、そしてその後も長い間、ブリーに関する記録を残す者がいなかったからだ。もちろん、今と同じく牛乳を原料としたチーズだったことは間違いない。この素晴らしいチーズの産地ブリー地方の幸運は、パリのすぐ東に位置するという地理的条件と深い関係があった。ほかのソフトチーズは鉄道による迅速な運搬が可能になるまで普及が難しかったが、丁寧に梱包された熟成寸前のブリーは牛馬に引かせた荷車で、食通の裕福な人々が暮らす中世パリの市場へ持ち込むことができた。これはチーズの普及という意味でかなり重要なことだったに違いない。ただし、パリで人気を博したとは言え、品質を保ったままさらに遠くまでブリーが運ばれたとは考えにくい。近代以前の運搬では気温や湿度の急激な変化が品質を左右したし、チーズはとても傷みやすい食物だ。だが、1648年にはブリーはロンドンに運ばれており、ケネルム・ディグビー卿は著書のなかで「手早く調理できる、濃厚で風味豊かなチーズ(ブリーやチェシャーなど)」を使ったレシピを紹介している。このチーズはシャンベリにあるサヴォイアの宮廷にも伝わり、1420年には王家の料理人シカールが、最高級の食材として「最高のクラポンヌチーズかブリーチーズ、あるいは入手可能な最高品質のチーズ」を求めたと言われている。(6) その一世代後、ブリーチーズはアメデ9世・ド・サヴォワの好物として知られるようになった。こうした美食家たちは、パリを訪れるたびにこのお気に入りのチーズを食したのだろうか、それとも自宅で味わったのだろうか。もしそうだとしたら、どうやってブリーを自宅に運ばせたのか?

その答えは1782年の文献にある。フランスの歴史家ピエール・ル・グラン・ドーシーは著書『フランスの家庭生活史 *Histoire de la vie privée des Français*』で、「近頃は2種類のブリーを目にする」と書いている。「それは食卓で食べるチーズと、液状で壺に入れて食べるチーズだ。後者はモーのチーズと呼ばれている。前者の最高級品はナンジのチーズだ」。こうした風潮は、パリはもちろんのことロンドンやシャンベリではさらに一般的だったはずだ。ナンジやムラン[モー、ナンジ、ムランはパリを中心とした、イル=ド=フランス地域圏の都市]で製造されていた崩れにくいブリーでさえ、舌の肥えた美食家たちに壺に入れて出すなら厨房で注意深く取り扱う必要があっただろう。現代であれば、大きなブリー・ド・モー(真っ白な表皮のチーズは20世紀になって登場した)から真っ白な部分を切り分けなくても、小ぶりで不規則な斑点のあるブリー・ド・ナンジ（P．152参照）の「細いひと切れ」で事足りたかもしれない。1740年代、パリの貧しい作家で後に『百科全書』を執筆する若きマルモンテルは夕食代を倹約するため、不規則な形のブリー・ド・ナンジを地元のチーズ製造所でひと切れ買っていた。色は黄金色で、風味と食感は当時も今と同じだったはずだ。外側はとろりとして中心部は硬く、コクがあり、クリーミーで少し酸味がある。

フランスの中央高地では、アルプスの牧草地と同じく牛乳を原料とした長期熟成の典型的な大型ハードチーズが製造されている。こう言うと、多くの人はまずカンタルを思い浮かべるのではないだろうか。ブリーを称える詩を書いたフランスのサン＝タマンの心に次に浮かんだのも、このチーズだった。「悪魔よ、お前はいったいどこでこのカンタルの古書を見つけたのか」と彼は1643年に書いている。「虫やミミズのカビ臭い隠れ家、その百のぬめりを帯びた青、茶、緑の隙間に刃先が走るたびに千の血管を開く。そのひとつひとつが同じ重さ分の黄金に値するこのカンタルを？」

これが、カンタルという名のチーズが登場する最古の文献だ。この名が生まれてから400年弱しか経っていないとすれば、地元の製造者や消費者がまだその名になじみがないのも無理はない。彼らはこのチーズをカンタルではなくフルムと呼ぶ。これは、フランス最古の歴史家トゥールのグレゴリウスが『証聖者たちの栄光』のなかでこのチーズあるいはそれによく似たチーズを呼んだ名だ。この著作は6世紀に書かれ、グレゴリウスはさらに古い時代のキリスト教以外の儀式についても述べている。その儀式とはガバリタン地方の人々がある山間の湖の周りに集まり、そこに供え物を投げ入れるというもので、「チーズを丸ごと（formae casei）」投げ入れることもあった。その後は数日間にわたって饗宴が続く。チーズそのものについての記述はここにはなく、ガバリタン地方についての言及はさらに1世紀のプリニウスにまでさかのぼる。当時、ニームの市場で良質なチーズと言えば、ガバリタンとレサラ地区（中世のジェヴォーダンと現代のロゼール、どちらもカンタルの南端に位置する）で製造されるものだった。だが、長く保存することはできず、味が良いのは未発酵の新鮮なうちだけだったという。16世紀になると、南オーヴェルニュの円筒型のフルムはプラティナのフランス語翻訳者、デディエ・クリストルなどの作家に好まれ、18世紀にはディドロが「カンタルまたはオーヴェルニュ」のフルムは「オランダで生産される最高級品に引けを取らない」と書いている。

こうしてみると、私たちは複数の名を持つ同じチーズの歴史をたどっているようにも思える。プリニウスのチーズとサン＝タマンのチーズの違いは、ある時期から製造の過程で塩が加えられるようになってチーズの長期保存が可能になったが、その分それまでの風味が変質したことだろう。1560年、ジャン・バティスト・ブリュイエラン・シャンピエは著書『食物について*De re cibaria*』のなかでオーヴェルニュのフルムはフランス最高のチーズだと主張しているが、塩辛すぎるという理由で嫌う人もいると認めている。

さて、現代に話を戻そう。今日、世界中のほとんどのカンタルはサン＝タマンの詩にあるよりもずっと熟成が浅い状態で売られており、プリニウスが書いたように新鮮でミルクのような風味を持つ。だが、チーズ工房の地下貯蔵庫で長期間保管されたフルム・ド・カンタルには、16世紀のチーズと同じようにチーズダニが湧くこともある。その場合、長い時間をかけてせっせとこのハードチーズを侵食したチーズダニは、芳醇でスパイシーな独特の風味を表皮にもたらしてくれる。この種のチーズの代表は古い歴史を持つカンタル、あるいはサレールやライオルなどだ。

ゴルゴンゾーラは少々熟成が進んだチーズに新しい名前がついたもので、熟成が浅いクリーミーなストラッキーノのブルーチーズ版と言える。ストラッキーノはイタリア北西部では今でも広く製造されており、一時は現在よりも有名だった。ストラッコ（stracco）は「疲れた」という意味で、このチーズがアルプス山脈を季節ごとに移動する放牧牛の乳からつくられていたことに由来する名だ。疲れた牛から採れた乳は量が少なく、より濃厚で風味豊かだった。

ゴルゴンゾーラにまつわる伝説では、この有名なチーズが誕生した経緯や、ミラノ近郊のチーズのない小さな町にちなんで命名されたことなどがまことしやかに語られている。だが、事実はもっと単純だ。ストラッキーノ・チーズを洞窟や貯氷庫で通常より長く熟成させると、カビが発生する。それがチーズの味を高めるということがわかり、やがて人工的にカビを発生させる手法が広まっていった。19世紀にはゴルゴンゾーラの地で熟成あるいは販売されるストラッキーノは特徴的な円筒型をしており、イングランドやドイツなど遠くまで名が知られるほど人気の商品となっていた。現在では単にゴルゴンゾーラと呼ばれ、ポー川中流域の広い地域で製造されている。2ヵ月の熟成期間を経たドルチェという種類は淡い緑青色に赤い筋が入ることもあり、食感はソフトで、風味は親種のゴルゴンゾーラと同じくクリーミーだ。一方、少なくとも3ヵ月熟成させたピッカンテと呼ばれるものはより青白く、その強い芳香は古い靴下のにおいによく例えられる。

ちなみに、チーズの名前が大都市近郊の地名にちなんでつけられることは珍しくない。必ずしもその地でチーズが製造されていたからではなく、製造者と買い手がこの重要な場所に立つ市場や見本市に集まったからだ。たとえば15世紀のクラポンヌチーズはフランスのリヨン近郊の小さな村の名、サン・フェリシアンにちなんだ名で呼ばれていた。これはリヨン北部の、かつて市場が開かれていた広場の名前だと言われている。また、シャビシューチーズはフランスのポワティエ郊外のモンベルネージの名で知られていた。

ニューヨークのイタリア人街、ブリーカー・ストリートにあるチーズ店。1938年刊行の『ライフ』誌より。

イングランドのチーズは15世紀にはすでにヨーロッパでその地位を確立していたが、地元の名前では呼ばれていなかった。だが、約１００年後にはイングランド名のチーズが台頭するようになる。１５６２年にはバンベリーとサフォーク、１５８０年にはシュロップシャーとチェシャー、そして１６３５年にはチェダーという名が登場した。チェダーチーズはロンドンのチャールズ１世の宮廷で珍味として大人気を博し、品薄になるほどの売れ行きだったという。その後１００年にわたって文献に見られるように、チェダーはいろいろな農家から集めた牛乳を混ぜて町でつくられていた。１６９７年、政治をテーマにしていたある詩人は「この閣僚組織は、町のあちこちから寄せ集めたチェダーチーズのごとし」と揶揄している。[8] また、『ロビンソン・クルーソー』の著者ダニエル・デフォーは１７２５年、チェダーはイングランド最高のチーズだと書いている。１ポンドあたり８ペンス、チェシャーの４倍の価格で取引されていた。

当時の文献にはある共通の記述が見られる。それは、「チェダーチーズの質は、南西に面した温暖で豊かな牧草地チェダーの素晴らしい立地と密接に結びついている」というものだ。だが、人気に伴いチェダーの価格が高騰したため、「立地条件がすべてではない」と考える人々がチェダーの製造に取り組み始めた。その多くは、自分たちは正しかったと誇らしく思ったことだろう。20世紀半ばには、オリジナルより模倣品のほうが広く出回るようになっていた。

チェダーの町で製造される昔ながらのチーズは過去のものとなり、チーズを求めてこの地を訪れた人々はがっかりしたに違いない。現在チェダーと呼ばれるチーズの多くはその名称と風味、そして（ほとんどの場合）「チェダリング［カード（牛乳の凝固成分）を四角く切ったものを積み重ね、ひっくり返すことで熟成させる製法］」を行うという点以外は、チェダーの町とはほとんど関係がない。こうしたチーズの代表的な例はカナダのロイヤル・チェダー、ぴりっとした味わいのニューイングランド・チェダー、そしてスコットランドでフランス企業が製造する「シリアスリー・ストロング（洒落にならないほど強烈な）・チェダー」などだ。

とは言え、チェダーの町があるサマセット州は今でも牛にとって最高の牧草地だ。確かに数ある模倣品にはシャープで強い味わいと牧草のような風味があり、この町で誕生して現在も製造されているチェダー――プラトンいわく「チェダーチーズの理想像」――を超えないまでも肉薄する勢いだ。だが、それに対抗してサマセット州でつくられる、いわゆる「西部の農家のチェダーチーズ」の最高級品は9ヵ月から15ヵ月熟成させたもので、ほかでは出せないしっかりとした食感と、口の中でじんわり溶けていく刺激的な風味（土っぽいとも評される）を持っている。

山羊乳を原料とするチーズもある。スペイン産やイタリア産、フランス産ならシャビシュー・デュ・ポワトー、ロカマドゥール、ピコドン、ペラルドンといったＡＯＣ［一定の地域や地区のワインやチーズ、農産物などが法律の規定する条件を備えたとき、その地域・地区名の表示を認める制度」を取得したものもあれば、そうでないチーズも数多くある。全体の生産量が少ない山羊乳チーズでは、細かいことはあまり重視されない。もちろん品質は重要だが、それを左右するのは山羊乳、各メーカーの緻密な製法、季節、天候、そのほか熟成や貯蔵に伴う付随的な要因だ。熟成の微妙な違いに対応して円盤型、タイル型、丸太型、ピラミッド型などさまざまな形状がある。また、数は少ないが大きなサイズのチーズもつくられており、それを好む人もいる。いずれにしろ、ソフトタイプかハードタイプか、熟成が浅いか深いか、とろりとしているか乾燥しているか、表皮が柔らかいか硬いか、カビが生えているかどうか——どれを理想の山羊乳チーズと考えるかは個人の好み次第だ。

ポワトー、ペリゴール、アキテーヌの山羊はアラブ人が持ち込んだヤギの子孫だというのは、チーズにまつわる伝説でよく出てくる話だ。スペインを侵略し、あっという間にほぼ全土を征服したアラブ人は、やがてフランスに攻め入った（この話が本当だとすれば、このとき山羊も一緒にフランスに導入された）。これに対抗したのがカール・マルテルだと言われている。マルテルは732年、ポワティエ近郊の戦いでイスラム勢力の侵略を食い止めるという、フランス中世史に残る画期的な偉業を成し遂げた。こうした背景のもとフランス南西部では山羊の飼育が盛んになり、さらにカベクー（「小さな山羊のチーズ」の意味）やシャ

「グリュイエールチーズの製法でグロスターチーズを2倍製造する仕組み」。W・ヒース・ロビンソン画。

ビシュー（シャビはアラビア語で「山羊」の意味）といったチーズの名称がつけられたと考えられる。その一方で、この地域では山羊はローマ時代から生息しており、カベクーやシャビシューなどの語はアラビア語との関連はなく、ラテン語で山羊を意味する「カプラ」や、フランス語の「シェーヴル」に由来するという説もある。

グリュイエールという名の由来については激しい論争が繰り広げられてきたが、チーズの愛好家や歴史家は本物のグリュイエールはスイス産のチーズだと知っている。だが、昔は原産地と無関係でも簡単にチーズの名前に地名を入れることができたので、騙されやすい政治家たちは間違った説を信じてきた。かつてフランシュ・コンテ地域圏でつくられていた良質の（しかしグリュイエールとは異なる）フランス産のチーズが、グリュイエール・ド・コンテと呼ばれていたのもそのためだ。現在、このチーズは単に「コンテ」と呼ばれ、かつて別のチーズの名を拝借した報いを受けているかのように、質が良いにもかかわらずなかなか評価されずにいる。グリュイエールの名を無断借用した歴史は古い。1757年に『百科全書』を編纂したディドロは、フランシュ・コンテのチーズはグリュイエールを「完全に模倣している」と記しているし、文献を紐解くと1698年以来フランス東部の山岳地帯でつくられるチーズにこの名前をつけることは法律で認められてきた。だが、かつてフランスで「グリュイエール」と呼ばれていたチーズは、現在はスイス産のものとは区別されている。。さらには、イタリアやギリシアにも「グリュイエール」と呼ばれるチーズがある。ギリシアのものは羊乳を原料としたチーズでスイスのグリュイエールの製法を使用しているが、オリジナルの味に匹敵すると豪語するような宣伝は打っていないようだ。

スイスのフリブール州にある地区（フランス語でグリュイエール、ドイツ語でグレエルツと呼ばれていた）でチーズがつくられていたという証拠は、12世紀にまでさかのぼることができる。さらに1602年には――そしておそらくそれ以前にも――グリュイエールやグレエルツァーという名のチーズが販売されていたと思われる。17世紀以降、大きな円盤型のグリュイエールはヨーロッパ全土、そして世界中で親しまれるようになり、その小型版の模倣品も出回るようになった。本物のグリュイエール（現在はグリュイエール・スイスと表示される）はじっくりと熟成され、熟成期間が最も短いドゥーで5ヵ月間、最も一般的なヴィユーとプルミエ・クリュで15ヵ月間を必要とする。滑らかで詰まった生地は少々切り分けにくく、水平の亀裂が入ることもある。ヘーゼルナッツを思わせる濃厚な味わいだが、それだけでは表現できない複雑な風味を持つ。

モッツァレラ・ディ・ブーファラも忘れてはいけない。本書でこのチーズを紹介するべき理由は3つある。フレッシュチーズのなかで最も新鮮であること、水牛の乳を原料としていること、そしてパスタフィラータ［生地を湯の中で伸ばして繊維状の質感が得られるまで練り合

モッツァレラ：新鮮な水牛乳を使ったチーズで、糸を引くような独特の食感と風味がある。

わせる製法」という製法でつくられていること。モッツァレラ・ディ・ブーファラには弾力があり、食べると糸を引くという独特の大きな特徴がある。

牛乳を原料としたものははるかに安価で手に入りやすいが、やはり高品質を求めるなら水牛乳からつくられたモッツァレラだろう。この名前も、熟成工程を経ない製造方法も歴史は浅いが、しっとりとしたコケのような風味を持つこのチーズはイタリア、特に水牛が定着し始めてからのカンパーニャ、ラツィオ、ローマで製造されるようになったと考えて間違いない。ローマ教皇に仕えた料理人バルトロメオ・スカッピは、1570年の著書『オペラ』で水牛乳からつくられたチーズの総称をプロヴァトゥーラと呼んだ。新鮮であればあるほど良い、と彼は助言し、最も新鮮な水牛のプロヴァトゥーラは少なくとも牛乳からつくられる最高級の新鮮なチーズと同等に美味しいと記している。同時代のイタリアの薬学者ピエトロ・アンドレア・マッティオリは、「プリヴァトゥーラ」はローマ名であり、ナポリでは「モッツァ」と呼ぶべきだと考えていた。いずれにしろ、水牛乳のチーズは「どのチーズよりも脂肪分が多く粘りけがあるが、甘みがあり最高に美味しい」ものだった(9)。

もっとも、イタリア国外でこの美味なるチーズが受け入れられるには長い時間がかかった。スカッピと同時代のフランスの料理人シャンピエは「水牛乳のチーズは怪しげで品質に問題がある」と考えていたし、食通たちも興味を示さなかった。現在はモッツァレラチーズにも、より歯ごたえがあるプロヴァトゥーラチーズにも熱烈なファンがついている。水牛乳からつくられる本格的なチーズの需要は高く、製造が追いつかないほどだ。

第2章◉チーズの歴史を紐解けば……

第1章では、まず「個々のチーズの歴史」を見てきた。50種類、あるいは100種類のチーズそれぞれに名前が与えられるたびに詳細が明らかになっていく。そのチーズが古代のものか比較的新しいものかは名前や種類によって明確になるか、少なくとも推察できるわけだ。確かな文献が存在する場合もあれば、ほとんど記録がないものもある。数は少ないが、パルメザンのようにほとんど変化せずに何百年も受け継がれている種類もあれば、スティルトンやカマンベールのように上質で新しい形に進化したものもあるだろう。

第2章以降は、どうやってつくったかを知る手がかりがないほど遠い昔にチーズが発明された瞬間から、その存在が徐々に広まっていった歴史を見ていこう。この章でははるか昔の瞬間に焦点を当て、その後チーズが中近東から段階的に広がりを見せ、アメリカ大陸に定着するまでの経緯をたどっていきたい。

◉チーズはどのように生まれたか？

当然ながらこの物語は良質で栄養価の高い食物、つまりミルクから始まる。人間は乳幼児のときに母乳を飲むことでこの事実を本能的に学ぶし、飼っている家畜が生んだ子がどのように親の乳を吸うか観察したり、好奇心から自分でその乳を飲んでみたりすることでその事実を再確認するかもしれない。実際、旧世界［アメリカ大陸が発見される前のヨーロッパ、アジア、アフリカ］の西半分に住んでいた祖先は、そうやって家畜の乳を利用する術を学んだはずだ。

母乳を出す動物が家畜化されたのは約9000年前だと考えられる。さまざまな遺跡から考古学的な視点で歴史を組み立ててみると、発端の地はイラン北西部のザグロス山脈ではないだろうか。ここは、旧世界の多くの温帯地域で季節ごとに放牧されていた山羊が初めて人間の継続管理下で生活し、繁殖し始めた場所だ。ほぼ同じ時期、中東のある地域で羊も家畜化されるようになった。牛はおそらくそれより少し後で、場所は中東かサハラ砂漠のいずれかだと言われている。現在のサハラ砂漠は乾燥地帯だが、当時はもっと湿潤な土地だった。水牛が中国と東アジアで家畜化されたのは紀元前5000年紀頃のことだ（地中海地域で見られるようになったのは紀元後6世紀になってから）。ラクダはアラビア南部で紀元前

女使用人たちが羊小屋で乳を搾り、運んでいる。『ラットレル卿の詩篇 the Luttrell Psalter』より、1430年頃。

2200年頃に家畜化が始まったとされている。

では、ミルクはいつから利用され始めたのだろう？ 考古学者の間でも意見はまちまちだ。約50年前、イギリスの考古学者アンドリュー・シェラットは「紀元前3500年頃に近東で『第二次生産物革命』が起こった」という仮説を立てた。シェラットによれば、革命以前はユーラシア大陸に住む人々が家畜を飼うのは肉、骨、皮を利用するのが目的だった。だが革命以降は家畜を殺さずにその乳や毛、労働力を利用する「再生可能な」利用という考え方が西アジア、ヨーロッパ、そしてインドまで急速に広まったという。

この仮説はおもに消極的証拠に基づいていた。というのも、産業革命以前の動物性食品の二次利用については、1980年代初頭の考古学者が手がかりにできる要素は皆無に等しかったからだ。だが、シェラットの見込みは正しかった。その後の25年間で研究者の関心はますますこの問題に集中し、より正確な答えを導き出すための手段が模索されるようになったのだ。そのひとつは家畜を殺す際のパターン、つまり現存する骨から殺されたときの家畜の年齢を推察することだ。この結果を正しく解釈すれば、その家畜がおもに食肉用に飼われていたのか、それとも毛や乳を得るためだったのかがわかるだろう。次に、鍋に残留する脂質とタンパク質を分析するという方法がある。それが肉の脂肪分なのか乳脂肪なのかを突き止めることができれば、そこから答えが導き出せるはずだ。(1) だが、これまでに判明しているデータで決定的な証拠になるものはほとんどない。紀元前4000年頃には、中央および南東ヨーロッパで家畜が食肉目的から酪農目的の飼育に変化したと考えられている。(2) また、脂質分析から、この技術革新の中心地から遠く離れたブリテン島南部でもほぼ同時期に牛の搾乳が行われていたことは明らかだ。

ミルクは管理が難しい食品だ。冷蔵しなければ数日で、気温が高い場合はたった数時間で腐敗する。近代的な梱包・輸送手段がなければ遠方に運ぶのは難しい。しかも供給が不安定だ。泌乳期間を伸ばす技術が普及したとは言え、自然界では牛、山羊、羊が泌乳しない時期は長い。ミルクが安定した供給源となったのは、これを日持ちする製品に加工する技術が発達してからのことだ。それ以前は、酪農家は年間を通じてタンパク質を供給するために食肉処理に頼る必要があった。つまり、チーズの発見は第二次生産物革命の中心的な役割を果たしたと言える。時期は不明だが、牧畜に携わる人々は自分たちの栄養源として家畜の乳を搾るようになり、その後これを安定した供給が見込めるチーズという食物に加工する術を学んだのだ。このこと自体が真の革命であり、彼らが酪農に大きく頼るようになったきっかけだと思われる。

チーズの誕生に話を戻すと、これ自体は世紀の大発見というわけではない。ミルクは放置すると乳酸菌の働きによりすぐに酸っぱくなり、ときには凝固し始める。そして、動物の胃袋で作った袋に入れて持ち運んだり保管したりした場合、レンネット〔乳の消化のために胃で作られる凝乳酵素〕の影響で凝固がじわじわと始まるか、あるいは魔法のようにあっという間に固まるのだ。偶然か試行錯誤の結果かはわからないが、同様の作用を持つ代替物質も複数発見された。出来上がった凝乳〔牛や羊、水牛などの乳に酵素を加えてできる凝固物〕は乳清〔牛乳から乳脂肪分やタンパク質カゼインなどを除いた液体〕が排出されるにつれて扱いやすくなり、排出を促すために圧搾すればさらに利用しやすくなる。肉を保存するのによく使われる塩にもレンネットとほぼ同じような作用があり、熟成が浅いチーズの添加物としても有用であることがわかってきた。

ただし、ひとつ問題があった。それは、人間を含む哺乳類は乳離れすると消化器官が酵素ラクターゼを生成しなくなり、乳糖を消化する能力を失うことだ。現在、世界中の大人の大

110ポンド（約50キロ）のプロヴォローネ。ニューヨーク、《ブルックリン・ターミナル・マーケット》で1959年撮影。

半は新鮮なミルクを消化することができない。だが、北東アフリカ、北アフリカ、ヨーロッパ、北アジア、西アジアの大半、そして南アジアとアメリカ大陸の一部の人々は、まだ文献などが存在しない有史以前に消化能力を身に着けており、現在もそれを有している(3)。

じっくり熟成された現代のチーズは乳糖をほぼ含まないため、乳糖不耐症の人が食べても何の問題もない。だが、チーズを1年以上熟成させるという工程には複雑な手順と専門的な労働力が必要なので、未熟成のチーズが最初に登場してからエクストラ・ヴィユー

『ドゥームズデイ・ブック』［イングランド王ウィリアム1世の命によって編纂された世界初の土地台帳］ほど古くはないにせよ、チェシャーは現存するイングランド最古のチーズだ。

（じっくりと熟成させた）のチーズの登場までには数千年とは言わないまでも、数百年の隔たりがあるに違いない。また、伝統的なモッツァレラやプロヴォローネなどのパスタフィラータチーズの場合、未熟成であっても実質的に乳糖は含まれていない。ただし、パスタフィラータの製法は未熟成であってもかなり複雑だ。凝乳を水切りした後、一般的には高温の乳清に数時間浸し、その後、表面に浮き上がる凝乳を再び水切りし、繰り返し練って生地に弾力が出るまで引っ張り、最後に生地を切り分ける（未熟成のまま食べる種類もあれば、熟成させたものもある）。いくら食感がよく、消化しやすいとは言え、パスタフィラータという製法は一朝一夕に生まれたものではない。

結論はおのずと明らかだろう。乳製品を消化するという新しい能力が生まれた時期は、酪農の起源と何らかの形で一致しているはずだ。この消化能力がなければ、ミルクやその加工品の大半は無用なものになってしまうからだ。アメリカの作家フレデリック・シムーンズは、40年以上前にこの点に注目した。現在の生物文化史ではまだ解明されていないが、やがて研究が進んでチーズの先史時代が明らかになるときが来るだろう。

◉チーズの普及

チーズと直結する痕跡は、はるか紀元前3000年紀に見ることができる［本書の原書が刊行された後の2012年に、ポーランドで紀元前5500年前後のチーズこし器に付着したチーズと思われる物質が発見された］。ただし、考古学の調査でときどき発見される、いわゆるチーズこし器と呼ばれる穴のあいた土器は除外しての話だ。こし器の最古の例は中央ヨーロッパから出土したもので、紀元前5500年頃に使用されていたと推測される。ヨーロッパ南東部やクレタ島からは紀元前3000年以降に作られたものが複数見つかっているが、それが本当にチーズこし器だという確証は得られていない。残留脂質を分析することで、いずれはその結果がわかるだろう。[4] チーズの最古の直接的証拠が発見された場所はエジプトだ。特殊な気候が幸いして、ほかではあり得ないほど有機物を長く保存できた。エジプトにチーズが存在したという最も初期の痕跡は、エジプト第1王朝（紀元前3100年から2900年頃）の墓から出土したふたつの壺に含まれる奇妙な物質だ。壺にはそれぞれ「北のrwt」、「南のrwt」という文字が刻まれており、不思議に思った複数の考古学者が調査を行った（味見まではしなかったらしい）結果、この物質はチーズだと判明した。もっとも、「rwt」という語がこの物質をチーズと断定する手がかりになったわけではない。「rwt」が何を指すかは不明で、記録を調べてもこれがチーズを意味する古代エジプト語だという確証は持てなかったのだ。だが、第1王朝の君主らがエジプト（それ以前、この国はふたつの統一国家から成っていたため「上下エジプト」と呼ばれていた）を統一したことは間違いなく、この時代のエジプト人が牧畜を生業としていたこともまた事実だ。第1王朝の要人が亡くなると南北両方の国家からチーズが贈られるというのは、政治的に大きな意味のあることだったのだろう。こうした結論が正しければ、紀元前3000年のエジプトには、地理的な産地によって区別し得るチーズが少なくとも2種類はあったことになる。これは壺に残る最古のチーズというだけでなく、最古の名称の記録でもある。

同じ頃、イラク南部ではシュメール文明が栄えていた。現代のどの言語にも関連性がなく死語になってしまったシュメール文学は、アッカド語との対訳や用語辞典の助けを借りて20世紀の間に徐々に解読された。紀元前三千年紀後半の文献に、シュメール語でチーズを意味する「ga-har」という語が登場する。その文献からは、当時牛、山羊、羊の乳を原料とするチーズがあったことが推察される。新鮮な状態で食される小型チーズと、長期間熟成される大型チーズの区別もすでになされており、これは酪農家が効率よくチーズをつくる上で重要なことだった。[5] さらに、シュメール語とアッカド語の対訳用語辞典には食物も多く記載され、そのなかには「白チーズ」、「新鮮なチーズ」、「濃厚なチーズ」、「刺激の強いチーズ」などさまざまな風味があった。その数は全部で20種類にもなり、少なくともシュメール語を教えるアッカド人はチーズを種別していたことがわかる。シュメール語の文献自体でも種別されていたことは確かであり、したがって3000年紀後半のシュメールの多くの市場ではさまざまな種類のチーズが売られていたと考えられる。

アッカド語でチーズを指す基本的な単語は[6]「eqīdum」だ。そして、シュメール語の用語辞典で確認された18～20種のチーズのほかにもいくつかの名称が存在していた。その一部は東西の近隣の言語から借用したものだ。侮辱を表す語としても使用されていた「nagahu」は、臭いチーズを意味したと思われる。また、「kabu」は「糞」という意味だが、チーズの名称として使われる場合はにおいには関係なく、フランスのクロタンチーズのようにその見た目に由来するようだ［「クロタンはフランス語で「家畜の糞」の意で、小さな丸い形が似ていることからつけられたという説がある］。用語辞典によれば、ワイン、ナツメヤシ、さまざまなハーブで風味をつけたチーズがあったようだが、その製法はわかっていない。現存するアッカド語で書かれた料理のレシピによれば、チーズは料理の材料として使われていたようだ。

紀元前2000年紀半ばの中央アナトリアで使われていたヒッタイト語の文献を紐解くと、当時から大小のチーズがあったことがわかる。そして種類も「huelpi（新鮮な）」、「damaššanzi（圧搾した）」、「paršān（砕けた）」、「iškallan（裂けた）」、「hašhaššǎn（「削られた」という意味だと思われる）」と多種多様だ。「乾燥した」チーズや「古い」チーズ、「表面に彫り込みのある」チーズ（おそらく原産地を示す印）、「老兵の」チーズなどというものまであった。このような名称が与える印象より美味しいものもあれば、そうでないものもあったに違いない。このような形容詞は、言葉通りの意味を超えてチーズに対する異なる評価を示唆しているという点で興味深い。この時代、チーズにはいくつかの量り方があったとされる。「Purpurruš（塊）」（形はチーズ全体の大きさによってボール状のものやスライスされたものがあった）を「Paršulli（より小さい塊）」に切り分けていたようで、パルメザンもそうしたチーズだった。

世界で最初にチーズがつくられたと思われる古代中近東では、初期の文献に美食としての

アラブの遊牧民族ベドウィンのテントの屋根で、チーズを乾燥させている。アラビア、20世紀初頭撮影。

チーズの魅力を記す記録がわずかに確認できる。その後、チーズは中世アラビアの料理でときおり使われるようになった。今日でもこうした国々ではチーズは重宝されているが、その種類は西ヨーロッパに比べるとはるかに少なく、味も劣る。

次に、話を西に移そう。19世紀に考古学者が行ったギリシアの小さな島、テラジア島の発掘調査で、紀元前1627年前後にサントリーニ島の噴火によって埋もれた集落からチーズと思われる灰色の物質が発見された。紀元前13世紀にギリシア南部とクレタ島で線文字B［紀元前2000年紀にギリシア本土およびクレタ島で使われていた文字］で書かれた複数の粘土板にも、チーズの記述が認められる。その簡潔な記述によると、チーズは「ホール」の単位で計量されていた。ある粘土板には、ピュロスという都市の「ネストールの宮殿」で催される饗宴に必要な品のリストがあり、そこには10種類のチーズと、それに合うよう計算された86・4リットルのワインの記載もあった。この量から見ると、古代ミケーネの標準的なチーズはそれほど小型ではなかったことがわかる。(7) 奇妙なことに、約1000年後のギリシアの同じ地域でもこれによく似た計算が行われていた。

フィガリアの食糧供給官に任命された男は、毎日ワイン3コイ（8リットル）、大麦粉1メディムノス（50リットル）、チーズ5ミナイ（2・5キログラム）、いけにえの肉に

家の壁に山羊乳チーズをぶら下げ、乾燥させている。ギリシア、1960年撮影。

必要な調味料を調達し、フィガリアからは羊3頭、料理人ひとり、水差し用の棚、テーブル、長椅子などの家具を提供した。（中略）食事は銅の盆に盛られたチーズと大麦のペーストで始まり、（中略）大麦とチーズとともに肉と、味付け用の塩も添えられた。この食物に祈りを捧げた後、各人は土器から少量のワインを飲み、それから給仕係がこう言った。「エウディプニアス、美味しく召し上がれ！」[(8)]

ギリシアは牛の飼育で生計を立てる貧しい地域が多い。初期にはおもに羊や山羊の乳を原料としたチーズが一般的だったが、アリストテレス（紀元前4世紀に論文を残している）などの科学者は、自分の住む国を超えてより広範な考察を行っていた。

乳にはorros（乳清）と呼ばれる上澄み液とtyros（チーズ）と呼ばれる固形物が含まれている。乳が濃ければそれだけチーズも濃厚になる。上顎切歯がない動物の乳は凝固し、家畜として飼われている動物の乳はチーズになる。最も薄いのはラクダ乳で、2番目は馬乳、最も濃いのは牛乳だ。（中略）一部の動物はわが子に必要な分量を超える乳を分泌するため、それを取っておいてチーズに加工することができる。特に羊乳や山羊乳は分量が多く、それよりは少ないが一部の牛乳にも当てはまる。馬乳やロバ乳は、フリュギア［古代アナトリア（現在のトルコ）中西部の地域名］のチーズに使われていた。牛乳からは山羊乳よりも多くのチーズができる。家畜を所有する人々は、山羊乳を注いだアンフォラ［古代に使用されていた容器］ひとつ（26リットル）からギリシアの銀貨1オボルス相当のトロファリデス19個をつくることができ、同じ量の牛乳からは30個できると述べている。(9)

アリストテレスはチーズの熟成については触れておらず、著作からは当時小さな銀貨1枚で買えるトロファリデスなる新鮮なチーズが最も一般的だったことや、彼がすべてのことは科学的アプローチで説明がつくと考えていたらしいことがわかる。だが、ホメーロスの叙事詩のような最古の書物ですら、科学がすべてではないことを示唆している。『イーリアス』では、トロイ包囲戦で慌ただしい1日を過ごしたネストールが、すり下ろしたチーズをワインに混ぜたポセットという飲み物で元気を取り戻した、という記述がある。「彼女はまずテーブルを彼らの前に運んだ。きれいに磨かれたテーブルには黒光りする台があり、その上に飲み物の付け合わせとしてタマネギを入れた青銅の皿と、黄色い蜂蜜が置かれていた。次に、山盛りの聖なる大麦粉が来た。それから美しいゴブレット……（中略）このゴブレットで、彼女はプラムニア産のワインに青銅のおろし金ですり下ろした山羊乳のチーズを入れてポセ

食塩水に漬けて熟成させる、ギリシアで最も有名なフェタチーズ。

ットをつくり、大麦粉を振りかけて彼らに飲ませた」[10]。この記述で注目すべきは青銅製のおろし金（この時代のギリシアの遺跡からときおり発見される）と、熟成チーズではなく下ろすのに十分な硬さのチーズが登場することだ。『イーリアス』には細部に不自然な点がいくつかあり、続編とも言える『オデュッセイア』でオデュッセウスと部下たちが魔女キルケーの住む魔法の島で歓迎を受ける場面では特にそれが目立つ。「キルケーは彼らを招き入れ、椅子やスツールに座らせた。そしてプラムニア産のワインにチーズと大麦粉と黄色い蜂蜜を入れてかき混ぜ、さらには怪しげな薬を注いだ」。これを飲んだオデュッセウスの部下たちは

スイスのベルナー・オーバーラントにあるヴェンゲルンアルプでの乳搾り。絵葉書、1895年頃。

豚になってしまうのだが、牛乳をかき混ぜて凝固させるのと同じ手順でつくられるポセットは、もともと宗教的な意味合いが強い飲み物だ。山の牧草地でバターやチーズがつくられると、神々はその近くまで下りてくる。「山の頂上で、たいまつに照らされた祝宴が神々を喜ばせるとき、汝は黄金のボウル（羊飼いが持っているような大きな手桶）を携えて、それをライオンの乳で満たし、アルゴスを殺したアポローン［ギリシア神話ではアルゴスを殺したのはヘルメースとされる］のために大きな硬いチーズを作った」と初期スパルタの詩人アルクマンは詠い、現実と超自然的な要素を組み合わせた儀式の様子を描いた[11]。

ローマ時代と中世ギリシアではチーズの製造が続いていた。特に北部の山間部やクレタ島で多くつくられ、ヨーロッパからの旅行者はしばしばチーズが売られている様子を目にしたという。1497年、クレタ島のハニアに上陸した巡礼者ピエトロ・カソラは「ここでは大量のチーズがつくられている」と記した。「残念ながら味は非常に塩辛い。いくつもの大きな倉庫がチーズで埋めつくされ、中には2フィート（約60センチ）の深さの塩水があり、そこに大きなチーズが浮かんでいる。係の者に尋ねると、これがコクのあるチーズを保存する唯一の方法らしい。船が寄港するたびに彼らは大量のチーズを売りに行く。私たちが乗る船の厨房にも驚くほど大量のチーズが運び込まれた[12]」。現代のギリシアでも塩水に漬けて熟成させたチーズは有名だが、おもに山羊乳や羊乳を原料とする地方のチーズは思いのほかバラエティに富んでいる。

かつてギリシアが一部植民地化していたシチリア島は、古代ギリシアに多くのチーズを供給していた。アリストテレスの仮説によれば山羊乳はチーズの品質向上に、羊乳は量を増やすのに使われたという。さて、再び西に目を向け、ローマ帝国時代のイタリアに着目しよう。ラテン文学からも明らかなように、ローマ帝国時代には「チーズ（caseus）」は人気のある食物で、贅沢品でもあった。食事やもてなしの描写には必ずと言っていいほどチーズが登場

アムステルダム、波止場のチーズ。ライナー・ゼーマン（1623～1667年）のアクアチント版画。

する。たとえばウェルギリウスの詩だと言われている『酒場の娘 *Copa*』では、イタリアのある質素な酒場の様子が描かれている。「黒い水差しに入ったテーブルワインが注がれ、近くの水路からは絶え間なく水音が聞こえる。（中略）イグサで編んだ籠に干された小さなチーズ、秋に食べ頃を迎えるつやつやと熟したプラム、血のように赤い桑の実もあった」

軍隊、行政、道路が整備されたローマ帝国は、質の高い商品の交易を地中海全域に大きく発展させた。歴史上この時代だけは、単一政府のもと人々が地中海沿岸全体を自由に行き来できた。イタリア、スペイン、ガリア（フランス）、アルプス地方、ギリシア、アナトリア（トルコ）は、いずれもチーズの産地として文学や文献に名を連ねている。たとえば2世紀の著作家アプレイウスの『黄金の驢馬（ろば）』というファンタジー小説は、主人公がギリシア中央部の丘陵地帯を商人と旅しているという冒頭の写実的な描写が印象的だ。「私の商売は、テッサリア、エトリア、ボイオティアで蜂蜜やチーズ、そのほかいろんな食料品を集めることだ」。ローマ人にとっても、それ以前のヒッタイト人にとっても、チーズはベーコンやビネガーワインと並ぶ典型的な軍用食だった。

チーズはローマ帝国よりずっと以前から西および中央ヨーロッパでつくられていたが、当時のことを知る手がかりはほとんどない。その意味では、ポルトガル、スペイン、フランス、ベルギー、スイス、オーストリア、イタリアにおけるチーズの歴史はローマ帝国から始まったと言うべきだろう。こうした国々は中世までチーズの製造を続けていた。ロマンス諸語［ラテン語を継承する諸言語の総称］におけるチーズの一般的な名称は、ラテン語の「caseus (queijo, queso, cacio, cas)」、あるいは後期ラテン語でチーズの型を意味する「forma」から派生したものだ。formaは型で成形されたチーズ（fourme, fromage, formaggio）を指す(13)。時代とともに文献や記録の数は増え、1500年頃にはイタリア、フランス、スイスが製造・輸出国として中心的な存在になっていたことが判明している。ちなみに、この3ヵ国は現在もその地位を維持している。この期間のスペインとオーストリアのチーズについてはあまり知られていないが、今日では重要な生産国だ。ポルトガルとベルギーにも、地元産の良質なチーズがある。

この広範な地域の北側には、ローマ帝国とその文化の影響を大きく受けてラテン語のcaseusに由来するチーズの名が残る国々もある（アイルランド語の「cāise」、ウェールズ語の「caws」、英語の「cheese」、オランダ語の「kaas」、ドイツ語の「Käse」）。こうした国々がローマ時代以前からチーズをつくっていたことはローマ時代の文献を見れば明らかだが、チーズ史としての記録が始まるのは中世だ。なかでも特にオランダは17世紀、オランダチーズやテット・ド・モールなどの名で他国に知られる、大きくて丸い、鮮やかな色の美味しいチーズで名声を得た。これらの国々は今も重要なチーズ生産国だが、アイルランドはイギリスの支配下にあったため独自のチーズはほとんど消滅してしまった。[14] そのイギリスも第二次世界大戦時の制約がチーズの伝統に長期にわたるダメージを与え、その修復には何十年もかかった。

次に、ローマ帝国の交易の範囲外だった国々を見てみよう。現代近くまで、このような国や地域のチーズ製造についてはほとんど、あるいはまったく詳細がわかっていなかった。そうした国々のチーズにまつわる伝統がどれも似たり寄ったりに見えるのは、歴史の浅さに起因するものかもしれない。具体的な国名を挙げると、アイスランド、デンマーク、ノルウェー、スウェーデン、フィンランド、バルト三国、ポーランド、チェコ、スロバキア、ハンガリー、旧ユーゴスラビア諸国、ブルガリア、ルーマニア、モルダヴィア、ウクライナ、ロシ

子どもはチーズが大好き。チーズを食べる少女たち。イギリス、1941年撮影。

アなどだ。バルト・スラヴ語［インド・ヨーロッパ語族のバルト語派とスラヴ語派を含むグループの言語］でチーズを意味する一般的な単語（ロシア語で「sir」）は、インド・ヨーロッパ祖語を介して英語のsour（「酸味がある」の意）と同義語であり、「カッテージチーズ、フレッシュチーズ」の意味で使われる単語（ロシア語の「tvarog」）は、同じ意味で現代ドイツ語の「Quark」として借用されている。一方、現代のスカンジナビア語「ost」の語源であるゲルマン語は、はるか昔にフィンランド語に借用されて「juusto」（チーズ）と形を変えている。ドイツ語の「Käse」、英語の「cheese」、フィンランド語の「juusto」という借用語は、それ以前にこの国にチーズがなかったという証拠ではなく、チーズ製造技術の改良がある段階で外国――実際には南方――からもたらされたことを示している。

古代の書物からは、現在のロシア南部の牧畜民がチーズをつくっていたことがわかる。古代ローマ時代の地理学者で歴史家のストラボンは「遊牧民は荷馬車の上にフェルトのテントを張って生活する」と『地理学』に書いた。「テントの周りには牛の姿がある。牛乳やチーズ、肉を得るための家畜だ。彼らは放牧されている牛の群れを追いかけ、冬はアゾフ海の湿地帯、夏は大草原地帯へと、常に牧草地を求めて移動する」。この文章では地域が限定されているが、ほかの場所でも同じ状況だったと推察することはできそうだ。チーズがユーラシア草原の西端でつくられていたなら、東端のモンゴルでも同じだったと考えるのが妥当だろう。モンゴ

クワルクはドイツのフレッシュチーズ。リプタウアーはクワルクにキャラウェイ、パプリカ、タマネギなど意外な材料を加えたスパイシーなチーズだ。

ルでは現在山羊乳、羊乳、牛乳、ヤク乳のチーズがつくられている。チーズは中央アジアでも知られ、現在でも重要な食物だ。

次は世界の屋根を越えて中国を見てみよう。中国北部では、北西にいる遊牧民族と同一視されないためにミルクやチーズを口にしなくなったと言われている。もっとも、中国の食の歴史においてチーズがまったく存在しなかったわけではない。現在、中国のチーズ製造量は年々増加し、イギリスに匹敵するほどになっている。人口ひとり当たりに換算するとかなり少ないにせよ、この事実は無視できない。確かに北部ではあまり馴染みがないが、西南部の雲南省には山羊乳のチーズの名産地がある。ほかの地域でも言えることだが、この山羊乳のチーズは新鮮なものが好まれる。東南アジアとインドの人々はほとんどチーズを食べないが、中世にイランから伝わったインドの珍味パニールは例外だ。パニールは無塩の白いフレッシュチーズで、動物性の酵素ではなくレモン汁や酢などの酸で凝固させるため、肉製品を口にしない多くのヒンドゥー教徒たちにはぴったりの食品だ。

旧世界のチーズ史を駆け足で見てきたが、最後に北アフリカを紹介しよう。ここは最も古くからチーズを製造していた地域のひとつだ。ストラボンは２０００年前、ローマ帝国の支配が及ばない場所でもチーズが親しまれていたことを（予想通り）確認している。サハラ砂漠の北部、ナイル川下流域と中流域、そしてエチオピアとソマリアでは、チーズは今でも重要な食品だ。エジプト、アフリカ北東部、サウジアラビアでは、新鮮な白いチーズ「jubna baydā」が最も一般的だ（エジプトでは「damyāī」という名で知られている）。より歯ごたえのある「ĥalūm」も伝統的に山羊乳と羊乳を混ぜてつくられ、地中海東部一帯で親しまれている。ラクダ乳を原料とするチーズは脂肪分が分離しにくいため手間がかかるが、この地方では少なくとも２０００年以上前から存在していた。ただし、アフリカ大陸を北西から東に通るはっきりした境界線があり、それを超えると成人の大半が乳糖不耐症となる。そのため中央アフリカと南部アフリカでは、南アフリカとナミビアのコイサン族とヨーロッパ人を

チーズの国「オランダ」。1861年、日本の版画。

「スイスチーズ」の量り売り。ニューヨークのファースト・アヴェニュー・マーケットにて、1938年撮影。

除いてチーズはほとんど食べられていない。

ヨーロッパ人が入植する以前のアメリカやオーストラリアでは、どんな形であれミルクを食品として使用する慣習はなかった。だが、ヨーロッパ人が家畜を飼い始めて自国にいたときと同じ方法でチーズをつくるようになったため、当初は母国の製法がほぼ引き継がれていた。後にそれが変化していったのは（今思えば）、「新世界」の大規模農業と長距離交易が大きく影響したためだろう。そして、その兆候はすでに17世紀には表れていた。当時、チェダーの町では

「協同組合」が地元のすべての農家からミルクを集め、毎日チーズを製造していたのだ。チェダーだけではない。アルプスの大型チーズも協同してつくられていた。だが、アメリカのニューイングランドで製造されていたのはチェダータイプのチーズで、1851年以降ニューイングランドでは正式な協会や協同組合、そして最終的には企業によって、より大規模にミルクが集められるようになった。19世紀後半には他国でもチーズ工場が建設されるようになり、そのスケールメリット［生産規模を拡大することで得られる効果や利益］は非常に魅力的なものだったため、21世紀初頭には風味や品質はさておいて工場で製造されるチーズが主流となり、農場でつくられるチーズは減少していった。

アメリカがチーズ製造に与えた第二の影響は、チーズとそれ以外の成分をほぼ同量含む、味や風味が安定したプロセスチーズの開発だ（チーズ以外の成分とは塩分、乳脂肪、乳糖を指す）。現在、アメリカは年間でフランスの2倍以上のチーズを製造し、世界最大の製造量を誇っている。昔はアメリカ産チーズの評判は芳しくなかったが、今ではその存在を軽視することはできない。職人肌のチーズ製造者たちは、規模は小さくとも高品質のチーズをつくり、長期にわたる奮闘が実を結んで自国の食文化の評価を高めてきた。なかにはヨーロッパの市場で絶賛を浴びたチーズもあるほどだ。

第3章◉チーズができるまで

現代のチーズについて最も注目すべき点のひとつは、基本的には単一の製品であるにもかかわらず途方もない数の味や食感が存在することだ。これは2000年前、いや3000年、4000年前から変わらないのではないだろうか。チーズの歴史がこれだけ長期にわたって受け継がれてきたという重要な事実は現代のチーズ製造者や宣伝担当者にとってはかなり魅力的だ。そのため、彼らはときに確かな根拠もないのにもっともらしい歴史をひねり出し、しばしば事実を混乱させる。

たとえば、フランス人のマリー・アレルが1792年にカマンベールを発明したというおなじみの伝説。これは、1700年直後のヴィムティエや1760年代のポン＝レヴェックなどノルマンディー地方の町ですでにカマンベールという名のチーズが売られているのを見た人々がいるという記録を無視したものだ。(1) この地域からそう遠くないスイスのヌーシャテルでつくられるチーズは18世紀後半以降その質の高さで評判を得たが、ヌーシャテルチーズの製造者はこのチーズが11世紀、さらには6世紀には存在していたと主張している。そして、チーズに歴史の重みを加えたがる美食家や役人たちは、こうした主張をよく確かめもせずにすんなり受け入れてしまうのだ。エクスムーア・ブルーの控えめな製造者や、もっと押しの強いバクストン・ブルーの製造者たちが、同じように自社のチーズにちょっとした歴史的風格を加えようとしたからといって誰が非難できるだろう？

そう、多くのチーズの歴史はかなり昔までさかのぼれるに違いない。たとえばギリシアのミチトラのような乳清チーズは、その名が初めて記録に登場する17世紀よりももっと古い歴史を持っている可能性が高い。同じことは、脱脂乳からつくられるノルウェーの長期熟成型のハードチーズ、刺激的な味わいのガンメルオストにも言えるだろう。シチリアで現在つくられているチーズは、かつて古代アテネ人が好み、中世アラブ人が料理に使用したシチリア産チーズに近いという見方があるが、古い文献が残っていないため断言することはできない。成型に使う籠の名にちなんで名付けられた現代のシチリアの羊乳チーズ、カネストラトゥは、ホメーロスが『オデュッセイア』のキュクロプスの洞窟の場面で描いたチーズに似ており、古代の読者の多くがこの伝説の島をシチリア島と結びつけた。だが、歴史はこの程度の根拠をもって築かれるべきものではない。チーズ史家の使命は誤った主張をつき崩し、真実が示す方向性を明らかにすることだ。つまり、チーズの第三の歴史は、歴史的証拠に基づき、チ

チーズを展示するアリスバーリー酪農会社。『イラストレイテッド・ロンドン・ニュース』紙に掲載された版画、1876年。

ーズ製造の連続性と多様性を探求するものでなければならない。

◉脈々と引き継がれてきた製法

チーズ製造の歴史的な記録を見れば、その連続性は容易に、また明確に証明することができる。

現存する文献のなかでそのことをうかがわせる最古の描写は、先述したギリシア初期の叙事詩『オデュッセイア』に登場する——もっとも、内容的には本筋とは関係のない小さなエピソードであり、描写自体もかなり短いのだが。それは、抜け目のないオデュッセウスが、単眼の巨人キュクロプスとの遭遇について語る場面だ。キュクロプスは山羊と羊の世話をして暮らしていた。彼の洞窟を探検したオデュッセウスは、「チーズが山盛りの籠と、子羊や子山羊が詰め込まれた囲いを見た。家畜は月齢、年齢ごとに決まった場所に振り分けられている。整然と並んだ清潔な桶やボウルは乳を搾った後の乳清で満たされていた」。さらに、キュクロプスが洞窟に戻ってきた後の描写が続く。巨人は「羊や、めぇめぇと鳴き声を上げる山羊の乳を搾り、それからそれぞれの子に親の乳を飲ませた。その後、白い乳の半分を凝固させ、編んだ籠に入れ」、残りの半分は飲用に保管した。

籐の椅子に腰かけて山羊乳を搾るローマの農夫。3世紀のレリーフ、ローマ国立博物館所蔵。

次に、より詳細なチーズづくりの手順についてはローマの農業書に見ることができる。まずはローマ帝国初代皇帝アウグストゥスの時代の学者で、イタリアの農業を知り尽くしていたウァッロの記述を見てみよう。

彼らは春にプレアデス星団が空に現れる頃、チーズをつくり始める。[2]（中略）春にはチーズづくりのために早朝に搾乳するが、それ以外の季節は正午頃に行う。ただし、地理的条件や食物の違いがあるため、どこでも同じというわけではない。2コンジウス（6・5リットル）の乳に、オリーブ大のレンネットを加えて凝固させる。羊のレンネットよりも野ウサギや子山羊のレンネットが好ましいが、イチジクの枝の樹液と酢で代用する者もいるし、ギリシア語でオポス（opos）と定義されるさまざまな物質も利用されている。（中略）塩を加える場合は、海塩よりも岩塩が好まれるようだ。

ウァッロの実用的な助言のなかには、古代の暮らしが垣間見える描写も随所に見られる。イチジクの樹液の特性を踏まえ、古代ローマの羊飼いたちは彼らの守護神ルーミーナの祭壇のそばにイチジクの木を植えていた。植物性レンネットとしてウァッロが挙げた酢については、また後ほど触れることにしよう。ウェルギリウスは農夫の生活を詠った詩のなかで、羊飼いの視点から見た日課を書き加えている。「日の出と昼間に乳を搾る者はそれを夜に圧搾する。夕暮れから日没にかけて乳を搾る者は、町に運ぶ場合は籐の籠に入れておいて夜明けに市場へ出かけ、市場に出さないのであれば少量の塩を加えて冬まで取っておく」

ウァッロの2世代後にスペインとイタリアで農業に従事した農学者コルメラはより詳細な農業手引書を編纂したが、そのなかにチーズ製造の工程における重要な要素が初めて登場する。植物性レンネットとして「カルドンの花とベニバナの種子」が追加されたのだ。(3) 凝乳中は乳が冷めないように保温し、その後すぐに籐の籠や型に移さなければならない。

田舎の人々は、チーズが固まり始めたらすぐ重しを載せて乳清を排出する。型や籠から取り出した後は、腐らないように冷暗所に保管する。その際、清潔な板の上に整然と並べたチーズに挽いた塩を振りかけ、酸味のある液を排出する。固まったらさらに圧搾して凝縮させ、焼塩を再び振りかけてさらに圧搾する。9日後にチーズを洗い、籐で編んだ専用の盆に互いに触れないように並べ、光の当たらない場所で少し乾燥させる。その後、風のない閉め切った部屋の浅い棚に隙間なく積み重ねていく。

このように手間をかけて熟成させるのは、風味を保ち、穴が少なく、塩辛くもパサついて

ミルクを温める女性。木製の墓標。20世紀、ルーマニアのサプンツァ。

もいない「外国にも輸出できる」熟成チーズをつくるためだった。

中世ギリシア語で書かれた農業手引書『ゲオポニカ』は、後期ローマ帝国のギリシア人著作家から多くの資料を引用しているようだ。この手引書にはチーズに関する短い項目があり、伝統的手法に少し説明が加えられている。「ガーデン・アーティチョークの毛深く、食用に適さない部分」は植物性レンネットとして使用できるかもしれない、という記述は、かつてコルメラがアーティチョークと同じ祖先を持つカルドンについて述べたのと同じ内容だ。さらに、この手引書には簡単だが重要な注釈がある。「塩水に漬けるとチーズの白さが保たれる」。これは事実というだけでなく、チーズを塩水で熟成、保存していたことを初めて示した直接的な証拠でもある。この手法は、ギリシアや近隣諸国では今でも一般的に行われている。最後に、『ゲオポニカ』には小さなチーズを保存するための興味深い簡単な方法が紹介されている。「チーズは飲用水で洗ってから日光で乾かし、風味豊かなセイボリーやタイムとともに土器の壺に詰めると長く保存できる。詰めるときはできるだけ間隔を空け、その隙間に甘酢か蜂蜜酢を注いでチーズを浸す」

先述したローマの農学者コルメラは、チーズの欠点について注意喚起する一文で助言を締めくくっている。「こうすれば穴だらけにならず、塩辛さや乾燥を防ぐことができる。穴が空く一番の原因は圧搾不足によるものだ。塩辛くなるのは塩分過多、乾燥するのは日光に当

チーズ圧搾機を操作する農学部の学生たち。ヴァージニア州ハンプトン、1900年撮影。

てすぎることが原因だ」。中世のチーズ愛好家は、こうした例を参考に質の悪いチーズの問題点をまとめた表を作成した。それぞれの問題点に対する説明もついているが、どうやらそれは口承だったらしく、現在ではまったく異なる3種類の文献が存在する。まずはパリに住む夫が、年の離れた若い花嫁のために1393年頃に編纂した著者不明の家庭手引書『中世フランスの食：『料理指南』・『ヴィアンディエ』・『メナジエ・ド・パリ』』［森本英夫訳。駿河台出版社］に見られる記述だ。「良質なチーズには6つの特質がある」という助言の後、文章は突然ラテン語に変わる。

Non Argus nec Helena nec Maria Magdalena
Sed Lazarus et Martinus respondens Pontifici!

この短い文章を翻訳するとこうなる。「アルゴスでもなく、ヘレネーでもなく、マグダラのマリアでもない。教皇に口答えをするのはラザロとマルティヌスだ！」。これがチーズと何の関係があるのだろう？　若い花嫁も同じ疑問を抱き、夫はこう説明する。「チーズは（トロイの）ヘレネーほど白くはなく、マグダラのマリアほど水分を含まず［マグダラのマリアはイエスの足に涙を落とし、自らの髪で拭って香油を塗ったとされる］、（百眼の巨人）アルゴス

新鮮なチーズを籠に入れ、春に生まれた子羊を肩に担いで市場に向かうローマの羊飼い。

ほど多数の目（穴）があってはいけない。雄牛のように重く、一番太い親指で押してもへこまず（12世紀の太った法学者マルティヌス・ゴシアが教皇に楯突いたように）、表面がでこぼこしている（ラザロの腫れ物のように）［『ヨハネによる福音書』によればイエスによって死から甦ったユダヤ人］のが良いという意味だよ」。１４００年頃のパリでは、白い、あるいは乾燥したチーズはよしとされなかった。また、目（「穴」）があったり、乳清が多く含まれていたりするものも敬遠された。ずっしりと重く、硬く、表面がでこぼこしているものが好まれていたのだ。「でこぼこ」という単語は原書ではteigneuxで、「ダニにかじられた」という意味もあったようだ。著者である夫もその意味で使ったのかもしれないが、カンタルのようにダニに覆われた状態が食べ頃というチーズもあるにせよ、パリの家庭でよく買われるブリーなど大半のチーズがその状態に達することはなかった。

ふたつ目の文献は16世紀末にイギリスの医師トマス・コーガンが著した『健康という楽園』だ。「チーズは雪のように真っ白ではなく、アルゴスのように多くの目（穴）がなく、メトシェラのように古びておらず［メトシェラは『創世記』に登場する人物で、９６９歳まで生きたとされる］、マグダラのマリアのように多くの乳清を含む水っぽさがなく、エサウのように粗野ではなく［エサウは『創世記』に登場する、狩猟を好んだ人物］、ラザロのようにでこぼこしていないものが好ましい」。ここでも百の目を持つアルゴス、ラザロ、マグダラのマリアが登場しており、ふたつの文献に共通して受け継がれた要素があるのは明らかだが、細部には違いがある。この文献ではラザロの腫れ物はチーズの長所ではなく欠点の比喩であり、チーズを熟成させすぎると品質が落ちると指摘している。

第3の文献はエセックスの変わり者トマス・タッサーが書いた農業手引書『農業を成功させる500の秘訣』に見られる素朴な韻文だ。架空の乳搾り娘シスリーを登場させ、チーズづくりに不慣れな彼女に的確な助言を与える。冒頭部分を紹介しよう。

ゲハジ［旧約聖書の列王記下に登場する人物］、ロトの妻、アルゴスの目
笛吹きトム、下手な靴職人、ラザロの太もも
粗野なエサウ、泣き虫、這い回るウジ、
日焼けした司教　これでみんな勢ぞろい

第1の文献を著したフランス人の夫のように、タッサーはシスリーにこう説明する。先のふたつの文献を踏まえれば、最初の数行だけでこの詩の意味はじゅうぶん伝わるだろう。

ゲハジは皮膚が白くなり乾く病気を持っていた

このチーズを見てごらん、シスリー嬢ちゃん、浸す時間が短すぎたんだ
粗野なエサウは頭のてっぺんから足の先まで毛むくじゃら
ウジが這い回っていたら、そりゃウジ虫パイだ

預言者エリシャの従者ゲハジの皮膚病に例えられた白く乾いたチーズは、シスリーがつくったクリームやバターに栄養分を取られて薄まってしまったのだろう。毛深いエサウは、べと病［植物の表面にカビが広がる病気］に対する警告だ。ゲテモノ好きなら関心を示すに違いない「ウジ」とは、チーズバエの幼虫のことだ。助言はこれだけに留まらず、タッサーがこの著書で挙げているチーズの質に関する基準は、ほかの文献と比べるとかなり複雑だ。最も単純なものは、現代のイタリアのことわざ「見えるパン、見えないチーズ」だろう。じゅうぶん圧搾されたチーズには目（穴）がないが、よく熟成されたパンには目（穴）が多いという意味だ。

単純だろうと複雑だろうと、こうした基準はその気になれば誰でも観察し、反論できる。シスリーも勇気を奮ってそれを口にした。つまり、良いチーズというのは1種類だけではなく、乾燥した硬い乳清チーズや穴の空いたチーズ、下手な靴職人が直した靴のように硬いチーズにも美味しいものはあるということだ。トマス・タッサーとほぼ同時代の劇作家ジョン・

ヘイウッドが詩の形で書いた「本とチーズ」にあるように、誰かが「このチーズは美味しい」と言ったとしても、ほかの人もそう感じるとは限らないのだ（この詩では「ある者」によってまったく意見が異なるのが面白い）。

同じチーズをある者は「塩辛すぎる」と言い、ある者は「新鮮すぎる」と言う
ある者は「硬すぎる」といい、ある者は「柔らかすぎる」と言う(4)
「レンネットが強すぎる」と言う者
「あっさりしすぎる」と言う者
そして「最高に美味しい」と言う者がいる

◉チーズの多様性

ジョン・ヘイウッドがここで提示したのは、チーズは単一の食品ではなく多様性を持つということだ。先述したかつての著者たちも特徴的な組み合わせをいくつか挙げてきた（新鮮なものと熟成したもの、柔らかいものと硬いもの、甘いものと塩辛いもの、あっさりしたものとコクがあるもの）が、たいていは新鮮か熟成したものかという単純な区別が基準になっ

ていた。かく言うヘイウッドも「塩辛さ」と「新鮮さ」という単純な対比を行っている。同時代の作家で食事療法に関する著作を持つアンドリュー・ボールドはそれでは不十分だと考え、『食の健康 *A Compendyous Regyment*』のなかでチーズを新たに4種類に分類し、それぞれの消化作用から区別して従来の知識をより正確なものにしようと試みた。

チーズには4種類ある。すなわちグリーンチーズ、ソフトチーズ、ハードチーズ、そしてスパーマイズチーズだ。グリーンチーズは色ではなく、新しいという意味で「グリーン」と呼ばれる。乳清は完全に排出されておらず、作用としては「冷」と「湿」だ。ソフトチーズはほどよく熟成されたものが最良で、作用としては「温」と「湿」になる。ハードチーズは「温」と「乾」で、消化に良い。スパーマイズは凝乳とハーブの抽出液でつくられるチーズだ。これら4つのチーズに加えて、「アーウィン」と呼ばれるチーズもある。上手くつくれたなら、ほかのどのチーズよりも味が良い。

後から5種類目をつけ加えたということは、ヘイウッド自身もこの分類に満足していなかったに違いない。ちなみに「スパーマイズ」とはカッテージチーズのことで、一般的にはセイヨウカワラマツバという多年草で凝固させていた。「アーウィン」は「ルアン」と呼ばれ

凝乳に塩を加えている。ウィスコンシン州アンティゴ、1941年撮影。

ることもあり、ヨーグルトによく似たチーズだったと思われる。

これより少し後の時代の著作家トマス・ヴォーンは、チーズにはもっと多様性があるはずだと考えた。1626年、彼は『健康指南』のなかで「チーズは牛、羊、山羊といった動物の性質による原料の多様性、丘陵地・低地・湿地など土地の特徴、季節ごとの違い（製造には冬よりも夏が適している）、そして何よりもチーズのつくり手の技量」によって異なると書いている。ほぼ同時代のブルイエリン・シャンピエはこれに、家畜の放牧地や飼料、チーズの大きさや形など、さらに多くの項目を加えている。

ヴォーンがリストの最後の特徴（つま

スティンキングビショップ。この新しいイギリス産チーズは、スティンキングビショップという洋ナシでつくったワインで洗われる。「スティンキング（臭い）」という名にふさわしい強烈なにおいが特徴だ。

り「チーズのつくり手の技量」）を「何よりも」と表現したのは妥当だろう。というのも、この技量にはふたつの相反する要素、つまり創造性と伝統が求められるからだ。部外者はときにこうした技量に見当違いな評価を下す。たとえば、17世紀のトマス・デュフェの喜劇『情婦』には、ある老女を指して「馬糞の中で15ヵ月ねかせたアンジェロチーズのごときにおいを放っている」という台詞がある。世界一臭いという評判を手にした「スティンキングビショップ」というチーズがあるが、アンジェロのにおいもこれに匹敵するものだったのかもしれない。ただし、スティンキングビショップと同じく、アンジェロはかなり短期間で熟成され、リンゴ酒や洋ナシのワインで洗ってつくられていた。決して糞の中で15ヵ月ねかせたりはしない。今年に入って、私はふたりの知人から「ゴルゴンゾーラのようなブルーチーズに入っている筋は、銅の棒でつくっているのだ」と自慢げに教えられた。確かに穴は空いているがそれは銅の棒を刺した跡ではなく、従ってあの筋は青サビではない。このような都市伝説は無視して、チーズ製造にかかわるさまざまな要素を見ていくことにしよう。その無限の組み合わせによって、私たちが現在目にし、においを楽しみ、味わっているチーズの驚くべき多様性が生まれるのだ。

まずは原料となる乳の種類。チーズは酪農家や消費者にとって非常に重要な食品だったが、古代ギリシアとローマ時代の著作者は羊、山羊、牛という3種類の家畜の乳の風味の違いにほとんど触れていない。というのも、この時代は異なる家畜の乳を混ぜて使用することが一般的だったからだ。シチリア島のチーズは羊乳と山羊乳を混ぜたもの、フリギアのチーズはロバ乳と馬乳を混ぜたものを使っていた。ローマで最も有名だったアペニンのチーズはすべて混合乳が原料だ。これは自給農業では自然な成り行きで、当時はできるだけ多種の作物を栽培し、多種の家畜を飼育するのが理想だった。そして、自給自足の余剰分（その年によって異なる）を売って金を稼いでいたのだ。

中世アラビア語の農業手引書は一般的にギリシア・ローマ時代の農業に関する知識を伝え、

広めたものだが、チーズについてはほとんど触れられていない。ただし、健康に良い家畜の乳をじゅうぶん確保することが大切だと強調することで、間接的にチーズの重要性を示唆している。一方、12世紀の農学者イブン・アル＝アウワームがスペイン南部で著した『アンダルシアの農業』には重要な記述がある。羊、山羊、牛の乳に関するアリストテレスの著述を引用した後、彼は独自のものと思われる次の意見を加えたのだ。「チーズづくりには牛乳が山羊乳より多く使われ、その割合は1・5対1である」。これは、古代や中世初期の地中海沿岸では見られなかった内容だ。それ以前の文献から一般的な規則を導き出すとすれば、量において最も重宝されたのは羊乳だった。イブン・アル＝アウワームは上記の割合を記しながらも、入手可能な家畜の乳は何でも、ときには混ぜ合わせて使うという古代の慣習を認めている。興味深いのは、スペインではこの慣習が最高級チーズをつくる方法として現在も受け継がれていることだ。組み合わせは数多くあるが、なかでも強烈な風味のブルーチーズ、カブラレスは山羊乳、羊乳、牛乳を混ぜ合わせてつくられる。

逆の考え方もある。18世紀の社会史家ル・グラン・ドッシーは、フランスの伝統的な経験則「バターは牛から、チーズは羊から、カイエ（凝乳またはカッテージチーズ）は山羊から」を引用した。この言葉を聞いて意外に思う人もいるかもしれない。フランスでは彼の時代も、現代と同じように牛乳からつくったチーズが最も親しまれていたからだ。だが、よく考えてみればこの経験則は美食家のためのものではなく、自給自足の農夫たちのものだ。バターをつくるのであれば牛乳が不可欠だし、新鮮なチーズが欲しければ山羊乳に勝るものはない。羊乳はよく熟成したチーズに最適だ。高く売れるし、ピレネーのトム・ド・ブルビや食べると唇がぴりぴりするロックフォールといった極上のチーズも羊乳から生まれた。

現在は単一の家畜の乳を原料としたチーズが最も普及し、また牛乳を使用したチーズの生産量がほかを圧倒している。このような変化をもたらしているのは西はイングランドから東はロシアまで、中央ヨーロッパの低地やあまり高度のない山岳地帯だと見るのが妥当だろう。こうした地域では牛がよく育ち、牛乳の生産量もはるかに多かったため、牛乳チーズの製造が増えたのだと思われる。チェシャーチーズについては16世紀以前の文献はないが、イングランドで現存する最も由緒あるこの牛乳チーズの起源は12世紀までさかのぼることができる。観察力の鋭い歴史家マームズベリのウィリアムが、『イングランド司教史』のなかでチェスター司教区についてこう記したのだ。「土地は痩せておりスペルト［小麦の一種］や小麦は育たないが、牛や魚は豊富だ。人々は牛乳とバターを楽しみ、富裕層は肉を常食としている」。この時代以降、イングランドや中央ヨーロッパの広い範囲で、チーズと言えば普通は——そして最高級のものも——牛乳のチーズになった。この伝統はやがてアメリカにも伝わり、現代の南北アメリカでも大半のチーズには牛乳が使われている。

バターづくりの様子を描いた広告カード。1912年頃。

次に生じる疑問は「搾乳されたうちの何割がチーズに使用されるか」ということだが、自給農家ならこの質問に即答できる。大半が「飲料としてすぐに飲んだ残り、あるいはバターづくりのために少量とっておく以外のすべての分量」と答えるはずだ。近代以前の状況では家畜の乳は保存がきかず、バターも液状の澄ましバターであるギーにしない限りすぐだめになった。ギーは古代の近東や現代のインドではおなじみだが、ヨーロッパではめったに、あるいはまったく使われていない。

産業革命と政府による食糧生産統制は、この牧歌的な楽園に大混乱をもたらした。ミルクもバターも長期保存が可能になり、広く流通するようになったからだ。その結果、世界の多くの地域で農業は貨幣経済に取り込まれるようになり、ミルクの小売価格はしばしば意図的に高く維持された。

「ブラウンチーズ」ことブルノスト（イェトストとも呼ばれる）。ノルウェーの特産品で、キャラメルのような風味が特徴だ。

新鮮なミルクやバターのほうが高く売れるのなら、質の良いミルクをわざわざチーズに加工する意味があるだろうか？　20世紀には、こうした影響によって良質なイギリス産チーズの歴史は終わりを告げようとしていた。実際、第二次世界大戦中には地方でつくられていた多くのチーズは製造が禁止され、低品質のチェダーの製造が中心となっている。そして、地域によってはそのままチーズづくりの伝統が失われた。

多くのチーズは全乳ではなく加工したものから作られる。この製法はミルクをできるだけ有効活用し、チーズだけでなく新鮮なミルクやバターなどほかの製品も製造、販売したいという目的で生まれたと考えられる。たとえば、パルメザンチーズは夜に搾乳した牛乳を一晩置いて乳脂肪分を分離させ、翌朝搾った全乳と混ぜてつくられる。

ヨーロッパ北西部近く、イタリアとオーストリアの国境沿いにはフォルマッジョグリージョ（「灰色のチーズ」の意）がある。ドイツ語のグラウケーゼという名前のほうが有名だが、オーストリアでは「チロルの灰色のチーズ」という原産地呼称で呼ばれる。このチーズはバターミルク（バターをつくった残りの液体）を原料とし、レンネットではなく乳酸を使用して凝乳をつくる。脂肪分がかなり少なく、ゆっくりと熟成させたグラウケーゼは灰色または灰緑色で、強いにおいを放つ。

通常の製造工程で分離する乳清だけでつくられるチーズもある。最も有名なのはリコッタ

(ricotta)で、この名は乳清を少し発酵させて「再び(ri)煮る(cotta)」という製造方法を的確に表している(あまり知られていないが、フランス産の同種のチーズ、レキュイトにも同じことが言える)。再加熱することで、乳タンパク質がさらに分離するのだ。新鮮な乳清チーズ、リコッタは500年以上前からこの名前で知られていた。1475年、プラティナは『食事がもたらす喜びと健康』のなかで「ゆっくりと再加熱すると残った脂肪分が分離する」と記し、その結果ラテン語で「リコクタ(recocta)」と呼ばれる食品が生まれたとしている。このチーズは、異なる地域で類似した製法や特徴を持つ製品グループのひとつだ。たとえばクレタ島にはキシミジトラ、サヴォイアにはセラック(さまざまな表記がある)、フランスの一部の地域にはブロコット、カタルーニャにはブロサット、スペインにはリケソン(ラテンアメリカではリケソンあるいはリコタ)というチーズがあり、すべて似ているがまったく同じではない。コルシカ島のブロッチュはフレッシュチーズとして食べることもできるが、数ヵ月熟成させたブロッチュ・パッシュという種類にはより乾いた質感と強い風味が生まれる。

同じ乳清チーズでも形状がまったく異なるものもある。ノルウェーのブルノストは乳清にクリームを加えてじっくりと煮込んだもので、ファッジという柔らかいキャンディによく似た「ブラウンチーズ」(まさに見た目を表す名前だ)になる。このチーズはほかの北欧諸国では場所によってメソスト、ミセオスト、ミセオスターなどと呼ばれ、アイスランド版のミセオスターは少量の砂糖を加えてつくられる。いずれもキャラメルに似た質感で、やや甘めだ。ノルウェーではイェトストと呼ばれることもあり、これは「山羊乳チーズ」を意味するが、必ずしも山羊乳が使われるわけではないので誤解を招きやすい。

レンネットの話題に移ろう。前に『オデュッセイア』のチーズづくりの場面を引用したが、『イーリアス』では傷が治る様子をたとえて「イチジクの樹液を入れると白い乳は急速に固まった。液体だったものが、かき混ぜるとすぐに凝固したのだ」と表現している。また、アリストテレスの『動物誌』にはとても興味深い一節がある。「イチジクの樹液は、まず絞って羊毛に染みこませる。羊毛をすすぎ、その汁を少量の乳に入れる。これをほかの乳と混ぜると凝固する」。ホメーロスの研究者らは『イーリアス』と『オデュッセイア』から英雄の活躍が賞賛された古代社会の一端を推測し、イチジクの樹液は最も古いレンネットであり、キュクロプスは乳を固めてチーズをつくるのに使ったに違いないと考えたとされる(5)。だが、この推論は間違いだ。チーズが最初につくられた場所にイチジクが生えていたとは考えにくいし、レンネットに凝固作用があるという事実は、動物の胃がミルクの保存容器として使われるようになった時代に発見された可能性のほうがはるかに高い。とは言え、ホメーロスの著作からは、少なくとも2600年前には植物性レンネットが身近なものであったことがわかる。だが、ほとんどの地域で、そしてほとんどのチーズには動物性レンネットが使用されてきた。古代の文献にはウサギやニワトリの胃の抽出物を勧めるものが多いが、実際には子山羊や子羊のレンネットが最もよく使われていたようだ。チーズの原料が牛乳中心になるにつれ、凝固剤として子牛のレンネットが好まれるようになっていった。この手法は広く普及していたが、近年の技術発達によって新たな2種類のレンネットが登場する。まずは微生物レンネット（Rhizomucor miehei、Rhizomucor pusillus、Cryphonectria parasitica）、その後害のない（そして遺伝子組み換え技術が用いられた）大腸菌由来の「組み換え型レンネット」が使用されるようになった。

先述した通り、古代の著作家はイチジクの樹液、ベニバナの種子、カルドンの花または茎、そしてその栽培品種であるアーティチョークをレンネットとして挙げている。さらに、ローマ時代の薬学者ペダニウス・ディオスコリデスは現在キバナカワラマツバとして知られる植物もつけ足した。この植物は「レンネットの代わりに乳（gala）を凝固させる」ことからギリシア語で「ガリオン（galion）」と呼ばれていた[6]。キバナカワラマツバはある時期チェシャーチーズの凝固と着色に、また現在は製造されていないスパーマイズというイギリスのフレッシュチーズに使われたりしていたとされる。これを書いたのはディオスコリデスだが、ピエトロ・アンドレア・マッティオリは16世紀にこの箇所を取り上げ、ガリオンは「トスカ

スペイン南西部エストレマドゥーラ州の羊乳チーズ、ラ・セレナ。カルドンの花で凝固させた、数少ないベジタリアン・チーズだ。

ーナ全土で、プレズラと呼ばれる植物に置き換えることができるだろう。これは甘いチーズ（つまりフレッシュチーズ）をつくるのによく使われている」と注釈をつけた。このプレズラ（文字通り「レンネット」の意味）はカルドンの別名だった。

こうした古代の植物性レンネットの存在は、ほとんど過去の遺物となった。かつては厳格なカトリック教徒にとって、また今でもベジタリアンにとっては重要な物質ではあるが、現在大量市場に出ているチーズに用いられることはほとんどない。例外として、ポルトガルのニーザ、スペインのラ・セレナとトルタ・デル・カサールという3種類の羊乳チーズにはカルドンが使われている。また、クレタ島西部の山岳地帯でつくられる未熟成の羊乳チーズ、ティロズリはイチジクの樹液で固めることがある。(7) ほかにも、ムシトリスミレ（学名 *Pinguicula vulgaris*）とモウセンゴケ属（学名 *Drosera*）と呼ばれる食虫植物は、ヨーグルトにやや似た酸乳をつくるのに使われる。この珍しい製品はスウェーデン語で「トートミョルク」として知られ、「ロングミョルク」、ノルウェー北部では「チュックミョルク」や「チュックミョルク」はノルウェー産の製品としては初めて地理的表示保護に登録された。

先述したラテン語表記の最古のチーズ指南書のなかで、ウァッロは酢を使ってミルクを凝固させると書いている。古代の文献だということを考慮に入れたとしても、これは特に驚くにはあたらない。ローマ帝国時代のイタリアで活躍し、その著作をウァッロも認識していたとされるギリシアの料理研究家パキサモスは、まさにこの方法でつくった新鮮なチーズやジャンケット［ミルクを凝固させた甘い食べ物］のレシピを紹介しているからだ。この製法は今でもよく用いられており、希少なクレタ島産のティロズリやインドの有名なパニールを固めるのに酢やレモン汁が使われている。同じインドのオリッサ州やベンガル地方では、パニールから派生したフレッシュチーズで水牛乳を原料としたチェナーにも酸が使用されているし、よく熟成させたチロルのグラウケーゼや、中程度の熟成が一般的なドイツのハンドケーゼも

カッテージチーズを詰めている。テキサス州サンアンジェロ、1939年撮影。

酸で凝固させる。このチーズについては後述する。

次はチーズの熟成度だ。まず、凝乳がまだ乳清から分離している段階の未熟成チーズから見てみよう。ドイツのクワルク、フランスのフロマージュ・ブランとフロマージュ・フレはまだ乳清が滲み出ている状態で売られており、穴が複数空いた内部容器を取り外して外部容器に溜まった乳清を飲むことができる。これらは特別に開発された商品だが、健康のために乳清を味わう歴史は長い。サミュエル・ピープスの日記には「ニュー・エクスチェンジまでぶらぶら歩き、そこで朝食代わりに乳清を飲んだ」と書かれている。リコッタと同様、この未熟成のチーズ（正確にはチーズとは呼べないかもしれない）、クワルクは広範囲で食され、さまざまな名で呼ばれている。ざっと紹介すると、アイルランドではボニー・クラバー（語源はアイルランド語の「どろりとしたミルク」）、そこから派生したアメリカ南部のクラバー、ペンシルベニア州のシック（濃い）ミルク、そのほかの英語圏のサワーミルク、ドイツのディック（濃厚な）ミルヒ（ミルク）、スウェーデンのスール（酸っぱい）ミョルク（ミルク）、スペインのレチェ・アグリア、フランスのカイユボット（カルドンやセイヨウカワラマツバで凝固させることもある）。発酵乳スキールは、中世から現代に至るまでアイスランドの国民食だ。それよりも少し濃厚なスウェーデンのフィーヨミョルクは、先述したスウェーデンのロングミョルクやノルウェーのチュック（濃い）ミョルク（ミルク）によく似ている。コーカサス地方のケフィアはわずかにアルコールが入っ

ティルジットを詰めている。東プロイセン、ティルジット、1935年頃撮影。

た発酵乳で、古代のチーズと同じように革袋を用いてつくられてきた。ケフィアの祖先または派生食品として酸乳のオキシガラ、よりチーズに近いヨーグルトチーズ（あるいは酸乳）のオキシガラクとティノス・ティロスがあり、紀元2世紀にガレノスが次のように推奨していた。「すべてのチーズのなかで未熟成のものが最も美味しい。ペルガモンやそのすぐ北のミシヤでは家庭でつくられており、地元の人々は酸乳チーズと呼んでいる。非常に味が良く、胃に負担がかからず、ほかのどのチーズよりも消化がよく、排便を促す。多くのチーズと違って独特の臭みもなく、濃すぎることもない。ローマの富裕層が好んで食べるワトゥシクスチーズも非常に味が良い。ほかの地域にも似たような種類がある」。16世紀の医師トマス・マフェットは、ガレノスが述べた酸乳チーズとは16世紀のイギリスで親しまれ、今ではすっかり忘れ去られたルアンというチーズだろうと推察した。おそらくその通りだろう。同種のチーズはフランスではカイヤード、カイエ、クラケレ、ベルギーではプラッテキース、アルザスではビベレスカース、イングランドではカッテージチーズ、アメリカ合衆国ではファーマーチーズなどさまざまな名前で呼ばれている。また、ドイツにかつてあったムンペルカーゼ（ひと口大のチーズ）や現代のクワーゲル、スペインではケソ・デ・ブルゴス、イタリア中部ではラヴァッジュオーロ（歴史のあるチーズでいろいろな綴りがある）、カラブリア州ではムスルプ、シチリア島ではスカッチャータ、ギリシアではミチトラと呼ばれるものも似たようなフレッシュチーズだ。

先述した「バターは牛から、チーズは羊から、カイエは山羊から」というフランスのことわざの3つ目の部分は、ある意味今でも当てはまる。フランス南部や西部などの庶民派レストランには山羊乳チーズしかない所も多く、フレッシュチーズとして提供される。かつて有名だったトゥーレーヌ、現代のヴァランセ、セル・シュル・シェールなどロワール渓谷のさまざまな山羊乳チーズは、ごくわずかに熟成させたもの——ヴァランセとセル・シュル・シェールは約3週間——が最も美味しい。「新鮮なものは熟成が進んだものより賞賛に値する」とシャンピエが評した山羊乳チーズ、ブレエモンは当時トゥーレーヌで生産される最高品質のチーズだった。ドイツ産の強烈なアルテンブルガー・ツィーゲンケーゼや、たまに熟成品もつくられるフランスのトム・ド・シェーヴル、そして高い評価を得たブルー・ド・シェーヴルなどの例外もあるが、これはチーズを一括りにすることはできないことを証明しているに過ぎない。

フレッシュチーズの仲間をもうひとつ紹介しよう。イングランドのウィルトシャーでつくられ、ロンドンで売られていたグリーンチーズだ。ダニエル・デフォーはこのチーズを１７２５年にこう描写した。「密度が薄く、非常に柔らかいクリームチーズに似ているが、もっとコクがあり、濃厚だ」。このチーズがグリーンと呼ばれるようになったのは見た目ではなくその新鮮さからであり、この由来はずっと昔にさかのぼる。紀元前5世紀後半の古代アテネでは、毎月新月の日に「ho chloros tyro（緑のチーズ）」と呼ばれる市が立っていた。このことは、当時のある訴訟記録に「プラタイア出身の男を探すなら、この見本市に行けば必ず見つかる」という文言があったことから事実だと確認されている。プラタイアはアテネから数マイル北にあった小さな丘の上の町だ。文献からは、都市国家として独立していたプラタイアの経済は、アテネに出荷する新鮮なチーズの供給にほぼ頼っていたこともわかっている。このことは、大都市と近隣の地域の関係をよく表していると言えるだろう。古代ローマでは、アペニン山脈中央近くのヴェスティン産の新鮮なチーズが好まれていた。プリニウスはカンプス・カエディキウスのチーズが最高だという記述を残している。それから約2000年後、ロンドンとブリストルの市場にウィルトシャー産のグリーンチーズを持ち込むため、酪農業者はテムズ川を東に向かう船とエイヴォン川を西に向かう船でチーズを輸送することにした。同じ頃、パリではヴィリー、ヴァンセンヌ、モントルイユから新鮮なクリームチーズが、ヌーシャテルとブリー地方からは短期間熟成させた（ヌーシャテルの場合は10日間）高級チーズが持ち込まれるようになった。

このように地方の酪農家がチーズを大都市に持ち込むことは、経済的に必然の成り行きだったと言える。大量に生産されるフレッシュチーズは、地元では役に立たない「換金作物」だ。いったん貨幣経済に依存した生産者にとって、その状況を変えることは難しかった。なぜなら、チーズを長期熟成させるためにはそれなりの設備が必要だが、多くの設備は損傷していたからだ。紀元1世紀にローマのコルメラが『農業の手引』で「チーズを注意深く熟成させることで、最終的に輸出も可能になった」と書いたことは先述したが、続けて数日間チーズを保存するための「簡単な方法」についても述べている。「型から取り出し、塩水に漬けるか塩をまぶし、その後日光に短時間当てて乾燥させる」。ギリシア・ラテン語の用語辞典によれば、このチーズ、またはそれに似たものはレストランでデザートに出てくるカゼウス・プロサルススだとされる。コルメラは次に第2の種類、カゼウス・マヌ・プレスス（「手作業で圧搾したチーズ」）について こう説明している。「乳が桶の中で軽く固まったらまだ温かいうちに凝乳をほぐし、沸騰したお湯を注ぐ。それから手で形作るか、ツゲの木の型に押し込む」。ローマ帝国時代の歴史家スエトニウスの『ローマ皇帝伝』［国原吉之助訳。岩波文庫］には、アウグストゥス皇帝がこの一見素朴だがかなり手の込んだチーズを好んでいたと書かれている。「食事に関して皇帝は非常に質素で、平民と大きな違いはないと言える。黒パン、しらす、スポンジのように柔らかい手ごねチーズ、二度実をつける木から採れる青いイチジクを好んだ」。古代ローマのチーズとの直接的な関連性はわからないが、現代のドイツのハンドケーゼ（「手でつくるチーズ」の意）にはほぼ同じ名称と製法が継承されている。ハンドケーゼとは基本的には短期間熟成されたクワーゲルチーズのことで、ローマ時代のものと同様に手で形づくるのが理想的だが、実際には小さな型に押し込んでつくる場合がほとんどだ。一部にはもっと短期間で熟成されるものもある。ハルツァー・ハンドケーゼは古代の山羊乳のチーズのようにとても硬く、ときに強烈な風味を持つ。場所によってさまざまな変種があり、それぞれ独自の伝説と熱烈なファンが存在する。キャラウェイの実で風味付けし、刻んだタマネギとともにりんご酒のつまみとしてバーなどでよく出されるチーズは「ハンドケーゼ・ミット・ムズィーク」と呼ばれる。この「ムズィーク（音楽）」は、食べると音（おなら）が出やすくなることから付けられた。

対照的に、近代以前の状況下では長期熟成チーズの製造には極めて高い技術が必要だった。正確な温度を測るのが困難だった時代にも、凝乳の温度管理には細心の注意が払われていた。これについては、１５６０年に『食物について *De re cibaria*』を著したシャンピエが、現在はカンタルチーズと呼ばれているフルムの製造過程についての文章中で触れている。

（フランスの）アランシュに用があった我々は、フルムがどのようにつくられているのかに興味を持っていた。山を登っていくと小屋が立ち並び、そこでは14歳以下と思われる多くの少年がチーズづくりに励んでいた。袖を肘までめくり、これ以上ないほど器用に手際よくチーズを型に押し込んでいる。私のそばにいた親方は、彼らの働きぶりに目を光らせていた。親方いわく、見た目がだらしない者、不潔な者、手にかさぶたやできものがある者、さらには――これは驚くべきことだが――手の温度が普通よりも高い者は雇わないらしい。手が熱いのは内臓が熱をもっているためだという。なぜそこまで神経を遣うのか尋ねると、親方はこう答えた。「チーズが必要以上に熱を持つと圧搾が不完全になって固まりにくくなり、多くの穴（目）が空いちまうんですよ」。俗に言う「目玉」ができてしまうと、フルムの価値も味も大きく下がる。チーズの良好な状態は４年ほど続き、それ以降は薬や解毒剤として、また子どもの腸の虫くだしに使われる。

19世紀スイス、グリュイエールを製造中。

チーズの製法に関する初期の文献では凝乳の処理についてほとんど触れられていないが、これはチーズの保存期間という観点から重要な要素だ。製法が違えば完成したチーズの食感も大きく異なる。グリュイエール、パルメザン、カンタル、チェダーはどれも18ヵ月後、2年後、さらにはそれ以上経っても美味しく食べられるが、それぞれ独特の風味や食感がある。「良質なチーズでも、熟成が不十分なら冷たくなるまで7回ひっくり返さなければならない」という言葉はすべてのチーズに当てはまるわけではないが、一部には正しいと言えるだろう。このサマセット公の言葉（1678年の記録）はチェダリングという独特の製法を思わせるもので、良質なチェダーの硬く詰まった食感には欠かせない。工程としては、まず固まったばかりの温かい凝乳を半インチ（約1・3センチ）の角切りにして、再凝固させた後1時間ほど弱火でかき混ぜ、その後水切りする。この後がチェダリングと呼ばれる製法だ。凝乳を四角くカットしてそっと積み重ね、サマセット公の言葉にあるように頻繁にひっくり返したり積み重ね直したりする。チーズが冷えて酸味が出てきたら凝乳を砕き、塩漬けして圧搾する。

17世紀には一種のチェダリングがすでに行われていた。また、イタリア語のパスタフィラータという名で知られる、凝乳をつくる特別な製法も近代以前から存在していた。中央アジアでは、凝乳をよく練り合わせたパスタフィラータ製法のチーズが一般的だ。イタリアのチーズを模倣あるいは再現したものが人気の北米でもこの種のチーズは広く親しまれており、メキシコのアサデロやケシージョ・オアハカもイタリアのチーズによく似ている。だが、パスタフィラータ製法のチーズはイタリアの特産品であり、水牛乳チーズの代表とも言えるモッツァレラやプロヴァトゥーラが始まりだ。こうしたチーズは特別な製法でつくられているため、食感を表現するのが難しい。イギリスの作家オズバート・バーデットは「硬くも柔らかくもない」と無難な表現に留めている。その後、パスタフィラータ製法は南イタリアで牛乳からつくられるカチョカヴァッロにも適用された。このチーズの風変わりな形と名前は14

世紀までさかのぼることができる。チーズを棒に吊るして乾燥、熟成させる形が「人が馬にまたがっている」ように見えることからカチョカヴァッロ（「カチョ」はチーズ、「カヴァッロ」は馬の意）という名がついたと言われているが、このチーズを語るときにたいていの人が思い浮かべるのは別のイメージだろう。バーデットはカボチャを、16世紀イタリアの冒険家ジュリオ・ランディは老婆の垂れた乳房を思い浮かべたそうだ。哲学者のアントニオ・ラブリオーラは、南部出身の恩師がプラトンの理想郷と聞くと「たくさんのカチョカヴァッロがぶら下がった光景が頭に浮かぶ！」と言ったのを思い出すと話した。(8) カチョカヴァッロはかなり昔に南イタリアからバルカン半島にまで普及したため、この語はバルカン半島のあらゆる言語で親しまれているが、通常は羊乳チーズの意味で使われる。ルーマニアでは乱暴な振る舞いや自分勝手な人を「チーズの上に横たわる」と表現する。最もショッキングなのは「カチョカヴァッロのように終わる」というイタリアの慣用句だろう。これは「絞首刑になる」という意味だ。

さて、次は純粋なチーズの変遷について見てみよう。まずは、イタリア人やフランス人がペルシレ（パセリ入り）やエルボリナート（ハーブ入り）と紛らわしい呼び方をするブルーチーズだ。ピエロ・カンポレージは、ゴルゴンゾーラや知名度は低いがより刺激的なブルー・デル・モンセニシオ（サヴォイア地方のチーズ）を指して「荒々しく攻撃的なグループ」と呼んだ。(9) ブルーチーズが賞賛されるようになったのはいつからだろう？　ギリシア・ローマ時代の文献からは何のヒントも得られない。どうやら古代にはカビの生えたチーズを好む風潮はなかったようだ。幸い、中世初期の伝記作家ノトケル・バルブルスが著したある逸話が、この疑問に対する的確な答えになっている。

カール大帝は、ある司教の館の前を通りかかって突然立ち寄った。その日は金曜日で、四足動物や鳥肉を食べることのできない日だ。しかも、魚は前もって準備しておかなくては手に入らない。そこで司教は大帝に高級チーズを出すよう命じ、皇帝も（中略）それ以上を望んで司教を困らせようとは思わなかった。彼はナイフを取り、カビは食べられないと思ったのでそぎ取り、チーズの白い部分を食べ始めた。大帝のそばに控えていた司教は、それを見て口を開いた。「皇帝陛下、なぜそんなことをなさるのですか？一番美味しい部分をお捨てになるとは……」。カール大帝は（中略）カビをひと切れ口に入れ、ゆっくりと噛んでからまるでバターのように飲み込んだ。「司教よ、そなたの言う通りだ。今後はエクス・ラ・シャペル［ドイツ語でアーヘン。ドイツ西部の都市］の余のもとに、毎年このようなチーズを荷車二台分送るように」

ブルーヴィニー。濃い青紫のカビが生えていることからその名がついたドーセットチーズ。

ノトケルはこれをカール大帝の性格を表す逸話として書き残したため、司教の名前も教区も記録していない。

西暦800年頃のこの逸話を、ロックフォールの初期の記録としてチーズ会社が宣伝に利用できるほどの確かな根拠はない。実際、これは単に今も流通している、ときにはカビの生え方が予測できないチーズの初期の記録というだけであり、逸話の結末を見てもそれは明らかだ。司教が「毎年ご要望に沿う高品質なチーズをエクス・ラ・シャペルにお送りできるかどうか……」とためらうと、カール大帝は「ふたつに切って確かめればよいではないか」と言って司教の言葉を封じ込める。結局、司教はカビが生えているかどうかを確かめた上で希望通りのチーズを大帝に送ることになったのだ。[10] 現在では、フランスのブルー・ド・テルミニョンとイングランドのチェシャーが、完成具合の予測が難しいブルーチーズの有名な例として挙げられる。1960年、アンドレ・シモンは『世界のチーズ』でこう述べている。「ブルーチェシャーはつくろうと思ってつくれるものではなく、偶然の産物だ。最初はレッドチェシャーで、そこにペニシリウム・グラウカムという青カビの胞子が入り込むと青い縞模様や筋ができ、それが徐々にチーズ全体に広がっていく[11]」

昔からその「青さ」で有名なドーセットブルーは、ブルーヴィニーという名でよく知られている。「ヴィニー」とは「カビに影響を受けた」という意味で、18世紀のある作家が「チ

51

EMBLEMATA.
VII.

Al te ſcherp maeckt ſchaerdigh.

Groot zondaer, groot verſtand: groot konſtenaer, groot boeve:
Geleert, zoo zeer verkeert; 't is een gemeyne proeve:
Het weelderighſte land het meeſte wied uyt-geeft:
Jae meeſt wat meeſt uyt-muyt, de meeſte feylen heeft.
Dit leert ons oock de kaes (hoe-wel de dertel menſchen,
Door eē verdorven ſmaeck, naer 't on-gedierte wenſchē)
De beſte die-men vind van maejen leeft en krielt.
Toont my de grootſte geeſt, 't is licht de grootſte fielt.

G 2　　Wt-

ウジ入りチーズ。J・デ・ブリュヌ著『エンブレマタ *Emblemata*』より。1624年。

ーズには2種類のカビがある。ひとつは青カビの性質を持つもの、もうひとつは青ではなく長い綿毛状のカビである」と慎重に記している。トマス・タッサーの詩のなかでシスリーが助言を受けているのは、この長い綿毛状のカビのことだ。

より大きな捕食者、ダニやウジが湧くチーズについてはすぐに話が終わるだろう。つまり、それだけ資料が少ないということだ。ダニに関する最初の文献と言えるものは、サン＝タマンが1643年にカンタルを絶賛している記録だ（既出）。確かな裏付けが必要なら、17世紀の医師ジョヴァン・コジモ・ボノモの記述がある。ボノモによると、事情に通じていない者はこのダニを「チーズの塵」と表現し、少なくともその塵が動くのを見るまでは「本気でそう信じていた」(12)。現代のチーズのなかにもダニが味を高める種類がある。たとえばミモレット・ヴィエイユ、十分に熟成したカンタル、サレール、ラギオール。また、ドイツのミルベンケーゼは一時製造中止になりかけたものの幸い復活を遂げた。この希少なチーズを製造しているザクセン・アンハルト州のヴュルヒヴィッツには、ミルベンケーゼを永遠に称えるべく巨大なチーズダニの像が建っている。

1725年にスティルトンについて説明したダニエル・デフォーは、スプーンで食べる「ダニあるいはウジ」について書いている。現在のスティルトンにはそんなものは入っていないため、彼がダニとウジのどちらを指していたかは定かではない。だが、サルデーニャ島で製

熟成したミルベンケーゼ。表皮の小さな黄色い「屑」に見えるのは、チーズダニだ。

造されるカース・マルツゥは、少なくとも保健所の検査官が見ていないときにはウジ、つまりチーズバエの幼虫と一緒に食べられる。ヨーロッパの食品規制ではチーズダニはグレーゾーンだが、ウジは禁止されている。カース・マルツゥの愛好家は、食べるときには目を何かで保護したほうがいいだろう。チーズダニは勢いよく飛び跳ねるので、「チーズ・スキッパー」と呼ばれている。

チーズに香料を加えるという発想は、かなり古くからあった。楔形文字で書かれた記録の解釈が正しいとすれば、シュメール文明の時代にまでさかのぼる。ローマ帝国初期、コルメラはチーズづくりの指南書で凝乳や新鮮なチーズに「好きな香料を加える」というおまけを付け足し、例として砕いた松の実とタイムを挙げている。ローマ帝国ではコショウなど東洋の香辛料はインドやさらに遠くの地域から長距離輸入する必要があったため高価だったが、それでも料理に使用される頻度は増えていった。やがて、そうした香辛料はチーズにも用いられて人気を得るようになる。4世紀の農学者パラディウスは、コルメラの一節を引用した上で香辛料の選択肢を広げている。「コショウであれ、ほかの香辛料であれ、どんなものを用いてもよい」。パラディウスの簡潔な助言は、ピエロ・デ・クレシェンツィが書いた14世紀初頭の農業手引書『田舎の恩恵の書 *Liber Commodorum Ruralium*』にほぼそのまま取り入れられた。ただし、タイムの記述は削除され、代わりに「凝固段階で細かく挽いたクミンを加える場合もある」と書かれている。そう考えると、ガプロンのニンニク、ブルサンのコショウ、ジェロメのアニス、そしてライデンのキャラウェイには想像以上に古い歴史があることがわかる。また、シャプツィガー(Schäbziger)というチーズにメリロート[マメ科のハーブ]が加えられるようになったのも何世紀も前のことだ。緑色のシャプツィガーは少々変わった熟成チーズで、すり下ろして粉にできるほど硬い。16世紀にラブレーの翻訳をしたヨハン・フィシャルトにも馴染みのチーズだった。ちなみに、このチーズの綴りは難しく、W・M・サッカレーはスラグツゥーガー(schapzuger)、現代のアメリカ人はサプサーゴ(sapsago)、『百科全書』の編者らはschigres、19世紀のフランスの作家ジョリス＝カルル・ユイスマンスはchapsigreと綴った。ユイスマンスはある本に、午前11時頃にアムステルダムで軽食をたっぷりとったと書いている。そのメニューには「カフェオレ、バターつきのスライスしたアニス入りのパン、オランダチ

ヴュルヒヴィッツに建つチーズダニの記念碑の中にはミルベンケーゼのサンプルが入っていて、通行人は実際に食べることができる。

ーズ、緑色の粉にしたchapsigre」も含まれていた。

ローマ時代にはすでによく知られていたチーズの燻製は、コルメラの言葉を借りるなら「塩水で固めたチーズを、リンゴの木や麦の切り株の煙で燻したもの」だった。チーズの種類によってはかなり美味しいものもあったという。どのチーズも燻せば味がよくなるというわけではないが、詩人マルティアリスは「ヴェラブロ［古代ローマ時代にパラティーノの丘とカンピドリオの丘の間にあった谷］で燻したチーズは実にいい味がする」と『エピグラム』に記している。もっとも、ヴェラブロは牧人の楽園アルカスのような場所ではなく、古代ローマの中心部にある混み合った労働者の街だった。プリニウスはマルティアリスの意見に賛意を示し、ガリアでつくられるチーズの燻製は香料や薬品、または添加物のような味がすると付け加えた。おそらく、現在も状況はあまり変わっていない。イタリアのスカモルツァ・アッフミカータのように燻製するのが一般的なチーズもあれば、広く市販されている燻製チーズのなかには薬品のような味がするものもある。

風味を加える方法はほかにもある。ひとつは、モン・ドールを熟成させる際にトウヒの葉を巻くことだ。また、さまざまな樹木にぶら下げたり葉を巻いたりして熟成させることもある。たとえばオリヴェにはプラタナスの葉（エミール・ゾラはクルミの葉だと考えていたが、違っていたようだ）、ヤーグにはイラクサの葉、バノンやブゴンなど多くの小ぶりな山羊乳

グリュイエールの計量（と燻製）作業。広告カードの絵、1912年頃。

チーズにはクリの葉、バルデオンにはスズカケノキの葉が使われる。カブラレスにも最近までスズカケノキの葉が使われていたが、地元の安全アドバイザーが不衛生だと判断したらしく、今は使用されていない。正確な年代を特定することはできないがこうした慣習は古くからあり、風味だけでなくチーズの熟成にも影響を与えていたと思われる。

チーズを栄養物で洗うという手法も、かなり昔から行われていたようだ。始まりはおそらく塩水（ローマ時代の文献に記載あり）やワイン（アッカド時代の文献に「風味付け」として記載あり）だろう。チーズを洗ったり油漬けにしたりする手法はいろいろあり、その影響はおもに表皮に現れることが多い。また、ソフトチーズの場合は風味がすっかり変化してしまう場合

カベクー・シュール・フォイユ。クリの葉は熟成を助け、風味と食感の質を高める。

もある。さらに顕著なのは香りだ。ラングルやマンステール、マロワール・グリは塩水で、トロワヴォー、ベルグ、フロマージュ・ド・エルヴはビールで洗われる。中世のある時期には、こうしたチーズをブランデーで洗ってみた結果美味しく仕上がることが発見された。その流れを受け、エポワスはブルゴーニュ地方の地酒マールで洗うことで香り高いチーズになったし、力強い味のアンジはゲヴュルツトラミネールというブランデーで洗われた。こうした由緒あるチーズに加え、ミラベロワやカマンベール・オ・カルヴァドスのような目新しいチーズもアルコールの恩恵を受けて味を高めている。

最後に、さらに濃厚な味わいに仕上げ

たチーズを紹介しよう。たとえば南イタリアのブティッロは中心部がバターに近く、外側はパスタフィラータの食感だ。ジョージ・ギッシングは『南イタリア周遊記』［小池滋訳。岩波書店］のなかで批判と驚きの入り交じった感想を述べている（少々混乱している様子も垣間見える）。「コトローネ［現在のカラブリア州クロトーネ］の奇妙な慣習で、バターは半球状のカッチョカヴァッロに包んで供された。カチョカヴァッロ（小さな馬のチーズ）はどこにでもあるチーズだ」。イタリア料理の著作が多数あるヴァレンティーナ・ハリスはギッシングよりも好意的で、『イタリアの食』のなかで「良質のブティッロは表面が硬く繊維質、中は柔らかくバターの風味がする。新鮮でクリーミー、そして柔らかい」と述べている。[13] チーズを濃厚にする際、バターよりも多用されるのはクリームだ。新鮮なチーズにクリームを加えた自家製クリームチーズは、何世紀も前からつくられていた。スコットランドにはクラウディという チーズがあり、「半分はバター、半分はチーズ」、あるいは（20世紀のアイルランド詩人ルイス・マクネイスによれば）「真っ白でほとんど味はせず、砕けやすいクリームチーズ」と表現される。17世紀半ばに「シャープな味で濃厚なクリームチーズ」、「バターに似た白いチーズ」と言ったのは、イギリスの廷臣で自然哲学者でもあったケネルム・ディグビーだ。このようなクリームチーズは、しばしば砂糖で甘く味付けされていた。また、18世紀フランスの美食家グリモー・ド・ラ・レニエールが「フロマージュ・ア・ラ・クレーム」と呼ん

ティルジットチーズの熟成。東プロイセンのティルジット、1935年頃。

だふわふわの菓子は「バニラやローズウォーターで泡立てたり、半氷結させたものをピスタチオやオレンジウォーターと混ぜたりしたものだ。パリで最高級の乳製品店を営むランベール夫人はつくり方を熟知している」。グリモーの著作は、かつてのマルティアリスの著作と同様にしばしば商売上の利益を意識して書かれたものだった。

18世紀には、初期のクリームチーズがパリ郊外のヴィリーで販売されていた。ノルマンディーではパリの市場に出す柔らかいフレッシュチーズ——小さなハート型や円盤型、ボンドン（樽栓）型のもの、ヌーシャテル（1808年にはすでに知られ、当時は今よりもにおいが強かった）、グルネーの1世代、アンジェロの2世代後のチーズ——が長年製造されていたが、当時のクリームチーズはこうしたフレッシュチーズとさほど変わらなかった。この頃の、チーズに濃厚な味わいを加える製法は今も続いている。プティ＝スイスは1850年頃に開発されたクリーミーなボンドン型の新種チーズで、フランス北部のヴィレ＝シュル＝オシーに住むスイス人の酪農家に敬意を表して名付けられたと言われている。その後、かつて広く親しまれていたムッシュ・フロマージュや、現在ブリア・サヴァランとして知られているトリプル・クリームチーズが登場した（1930年代、有名な美食家にちなんでブランド名が変更された）。子どもや家族向けに熱心に宣伝されている、新しく安価な種類も急速に広まりつつある。逆に、高い利益を見越して製造され、フランスの国境を越えて広まったチ

ポール・ルイ・マルタン作『中古品店』、1898年。

ーズと言えばラームケーゼ、フィラデルフィアチーズ、グラドースト、そして現在は製造中止となったイギリスのケンブリッジやコッテンハムのクリームチーズなどがある。また、かつて「プティ＝スイスの仲間」と呼ばれたマスカルポーネもこのカテゴリーに含まれる。[14]

第4章◉チーズの楽しみ方

◉チーズの取引

チーズは貿易の概念が生まれる以前から製造されており、貿易が始まると同時に取引の対象になった。これは、ワインやオリーブオイルよりも持ち運びが容易で貴重な食材だったためだろう。それ以来、いつの時代もチーズはその製造者を飢えから救ってきた。製造者は自作のチーズを食べるだけでなく、ほかの必需品と交換することができたからだ。

チーズの移動距離は徐々に伸びていった。エジプトの墓からの出土品に刻まれていた「北のチーズ」、「南のチーズ」という史上初の直接的な証拠は、ふたつの王国が保持していた権力と、その間で物資輸送が行われていた可能性を示している。古代エジプトとメソポタミア、あるいはヒッタイト人とミケーネ人の間にチーズの取引があったという記録はないが、チー

オランダ、エダムのチーズ市。『スフィア』紙、1901年。

ズは軍隊食の定番であり（先述した通り、ヒッタイトの文献には「老兵のチーズ」という言葉があった）、少なくとも軍隊が移動する距離を持ち運ばれていたことは事実だ。いずれにしろ、チーズの移動距離はどんどん長くなっていく。シチリアのチーズはアテネに渡り、ガリア、アルプス、イリュリア、ギリシアのチーズはローマで親しまれていた。１６００年頃にはパルメザンチーズが北はロンドンに、東は（ヴェネツィア船で）コンスタンティノープルに運ばれていたことがわかっている。また、スイス、ドイツ、フランス、イギリスのチーズは国境を越えてかなりの距離を移動していた。大規模な大航海時代にあって最も当てにできる食料のひとつだったチーズは、こうして船で新大陸に到達したのだ。

もっとも、近代以前の最も一般的な移動と言えば、夏なら高山地帯の牧草地、冬なら谷間の牧草地から近隣の町や都市の市場までのルートだったと考えられる。鉄道や汽船による輸送が可能になったことで、人気の、または有名なチーズ――特に比較的新鮮なチーズがより多くの市場に運ばれて流通するようになった。ウィルトシャーのグリーンチーズは荷船でロンドンに運ばれたが、カマンベールチーズがパリで人気を博したのは鉄道の恩恵によるものだ。19世紀末には、ヨーロッパのチーズはアメリカ大陸に大量に輸出されるようになっていった。

こうして、ヨーロッパのチーズは初めて自らの模造品とほぼ対等に競争することになった。

トロント州セント・ローレンス・マーケットにある《オリンピック・チーズ・マート》の店主ジョージ・ツィオロス氏。2004年撮影。

模造チーズも海外に輸出されるようになり、その結果予想外のことが起こる。アメリカやカナダのチェダーがイギリスで人気を博したのだ。同じロックフォール同士が競合することもあった。「最高の模造チーズは、デンマーク産ロックフォールという名で売られている種類だ」とバーデットは結論づけている。

チーズが世界中に流通するようになるまで、名前の問題はほぼ見過ごされてきた。遠く離れた大陸で売られているチェダーチーズ、パルメザンチーズ、ロックフォールチーズが実際にはその名を冠した地域ではなく別の地域で製造されていたとしても、たいした問題ではなかったからだ。こうした模造チーズの需要があったことは明らかであり、地元の製造者はその需要をできるだけ満たそうとしていただけだ。買い手が真実を知っていたかどうかはわからないが、実際の品質の違いが取り沙汰されるようになったのは、人々がヨーロッパで本場のチーズを購入したり輸入チーズに高額を支払ったりするようになってからだ。輸入量が増えて製造者が海外市場を重視し始めるにつれ、本場のチーズの名をかたる現地の製品との競合が問題になり始めた。この問題は見つけるのは簡単でも解決は難しく、そのためなかなか出口が見つからない状況が続いている。ヨーロッパで保護されている地理的呼称の大半はほかの国や地域では保護されておらず、スイスとフランスのグリュイエールのように、名前は同じでも中身は異なるチーズもある。ブリー、チェダー、パルメザンなど単純でわかりやすい呼称には、買い手が期待する保護が与えられていないこともある。保護呼称には原産地や品質に関する一定の保証があるが、それが買い手の期待に沿うものだとは限らない（たとえばベルギーが原産地のリンバーガーやスイスが原産地のティルジットは、どの地域でも製造できる）。保護呼称と同等の保証があるように見えても実は明確な定義がない場合もあり（フランスのクロミエやイギリスのチェシャーなど）、また企業が商標登録して権利を有している呼称もある（サンタギュールやブレス・ブルーなど）。

◉チーズ料理

これまであまり触れてこなかったが、チーズは単なる食品という以上に料理の材料としても人気が高い。少なくとも世界最古の料理書、つまりアッカド語の楔形文字で書かれた粘土板（現在はイェール大学所蔵）にも、子羊のシチューの風味付けとしてチーズが登場している。

古代ギリシア料理においても、チーズは高級料理に使われていた。紀元前約３００年を舞台とした初期のアテネの喜劇では新進気鋭の料理人が登場し、現代の偉大な料理人たちに敬意を表しながらも「チーズはもはや過去のものだ」と言う。「古くさい風味付け——つまりクミン、酢、シルフィウム、チーズ、コリアンダーなどかつてクロノス［ギリシア神話の農耕の神］が使った調味料は料理書から消え去り、乳鉢と乳棒は用無しになった(1)」。これより少し前、ギリシア領シチリア島の美食家で詩人のアルケストラトスは、繊細な魚ではなく身の粗い魚の調理にチーズを使うことを勧めている。「オリオン座が空に浮かび、葡萄の房の母がその巻き毛をなびかせるとき、焼いたサルグ（魚）を程よい大きさに切ってチーズをよく絡め、熱々のものを酢で和えて食べるとよい。これを覚えておくと、身が堅い魚はすべて同じように調理できる」。料理の流行にとらわれない限り、ギリシア人は野菜や肉のソース

ブルー・ド・オーヴェルニュは世界中で余るほどつくられているが、ブルー・ド・ジェクスは製造が追いついていない。

にチーズを使用していた（「ローストのつくり方：血を蜂蜜、チーズ、塩、肉用のハイポスパグマ［ソースの名］クミン、シルフィウムと混ぜて加熱する」）。また、ドルマ［辛みのきいた米や挽肉、香味野菜などをくり抜いたナスやパプリカなどに詰めた料理］の古代版スリアにもチーズが使われていたし、料理書『アピシウス』からもわかるように古代ローマ時代もチーズは料理の風味をより豊かにするのに重宝されていた。限られた文献を紐解くと、チーズは古代のパンやケーキ、菓子の材料として多用されていたようだ。パン生地に加えてから焼くこともあれば、紀元前350年頃の詩人たちのきらびやかな饗宴で出されたようなゴマをまぶした揚げチーズの甘い菓子、ステイティタスと呼ばれるパンケーキ（「液状の生地をフライパンに流し込み、蜂蜜とゴマとチーズを加えたもの」）、非常に手の込んだチーズケーキ風の菓子プラセンタなどさまざまな種類がつくられていた。プラセンタのレシピは古代ローマのカトーが著した農業書に詳細な記載があり、新鮮で酸味のない羊乳チーズがよいと書かれている。

チーズは中世の料理ではあまり使われなかった。これは、当時チーズの栄養価について意見が大きく分かれていたためかもしれない。ただし中世の料理書にはチーズが登場するし、アラブ料理の本にもシチリア産チーズを勧めるものがある。(2) 理由は書かれていないが、わざわざシチリア産と指定して長距離を輸送したことを考えると、そのチーズは熟成した硬いチーズ、おそらくはおろして使うチーズだったのではないだろうか。ヨーロッパ中世のレシピには「新鮮な」チーズや「乾燥」チーズ、羊乳や山羊乳のチーズが使われることもあったが、産地は明記されていない。唯一の例外が、詳しいレシピが掲載された料理書ではなく、ビザンティン時代の修道士による風刺詩に登場する。2、3種類のチーズと多くの食材を使った、食堂で出される鍋料理「モノキュトロン」の詩だ。

そして、まずは香りが漂い、やがて上部が少し黒ずんだ素晴らしいモノキュトロンが運ばれてきた。お望みなら、この料理について詳しく話そう。雪のように白くふっくらとしたキャベツの芯4つ、メカジキの首の塩焼きひとつ、コイの中落ちひと切れ、グラウコイ（種類は不明だが小魚らしい）約20匹、チョウザメの塩焼きひと切れ、卵14個、クレタ産チーズ数個、アポティラ（小さなフレッシュチーズ、アントティラのことかもしれないし、ほかのチーズかも知れない）4個、ヴラフ産チーズ少々、オリーブオイル1パイント（約570ミリリットル）、コショウひと握り、ニンニク12個、マサバ15匹。これに甘口ワインを振りかけ、腕まくりをして仕事に取りかかろう。そして、料理がひと口ずつ消えていくのをただ眺めるのだ(3)。

当時実際にこの料理がよくつくられていたのかはわからないが、少なくとも12世紀のビザンティン帝国でチーズの交易が盛んだったことは窺える。バルカン半島を遊牧する羊飼いがつくるヴラフチーズの製法は、現代のフェタチーズのように塩水で熟成、保存されたクレタ産チーズとは対照的だったに違いない。ほかの文献を見ると、クレタ産チーズは中世のクレタ島特有のものだったようだ。

ルネサンス期の到来とともに料理書や料理に関する記録はより詳細で洗練されたものとなり、特定のチーズが指定されることも多くなった。15世紀に王家の料理人だったシカールが

チーズをつくり、楽しく食べる。中世の書物『健康全書 *Tacuinum Sanitatis*』より。

「最高のクラポンヌチーズかブリーチーズ、あるいは入手可能な最高品質のチーズ」にこだわったのは先述した通りだ。現代の料理本では「カッテージチーズ」、「チェダーチーズ」などシンプルに指定するレシピから、シカールのごとく希少で高価な種類にこだわるものまでさまざまだ。

◉チーズを召し上がれ

バラもひよこ豆も今が盛りだよ、ソシルス。キャベツの若茎も、アンチョビも、塩をまぶした新しいチーズも、くるりと巻いたレタスの葉も。だが、私たちは海岸にいるわけでも、見晴台にいるわけでもない。(4)

チーズを本来の状態で食べるという話題に戻ろう。パンや青野菜にチーズを添え、ワインなどの飲み物があれば立派な昼食になるが、何か味の濃い食べ物をひとつ加えてもいいかもしれない。哲学者ピロデモスによる右のギリシアのエピグラム（詩）にあるように、アンチョビはどうだろう？（ピロデモスは79年のベスビオ火山噴火の犠牲となった。彼が書いたとされる文献は埋没していたが、ヘルクラネウム［現在のイタリア、エルコラーノ］の遺跡で発

フロリス・ファン・ダイク作『チーズと果物のある食卓』、1615年頃。

見された）あるいはオリーブもいいかもしれないし、昼食の最後に炒めたヒヨコマメではなくイチジクと木の実を食べることもあるだろう。ピロデモスの時代から約100年後の学校での対話授業のある記録には「白パン、オリーブ、チーズ、干しイチジク、木の実、冷たい水を飲み、昼食をとったらまた学校に戻る」と書かれている。[(5)]同じ文献での軽い夕食は、似たような材料に肉を加えたもの、つまりパン、チーズ、オリーブ、スライスした牛の乳房、ケーキ、ワインとなっている。

ベジタリアンの世界でもこのようなメニュー（加工肉は除く）が1日の主食になるかもしれない。少なくとも、プラトンは『国家』にそう書いている。この著作で、ソクラテスは理想都市の生活様式についてこう話す。

「人々は食事のために真珠のような大麦と小麦粉を用意する。大麦は火を通し、小麦粉は練り、上等の菓子やパンを葦またはきれいな葉の上に盛り付ける。ブリオニアとギンバイカを敷いた床に身を横たえ、自分も子どもらも食事を楽しみ、葡萄酒を飲み、花輪を頭につけて神々への賛美の歌を歌う」

「レリッシュは食べないのですか？」とアンティステネスが尋ねた。

「食べるとも」と私は答えた。「忘れていたが、もちろんレリッシュも食べる。ピクルスやオリーブ、チーズやタマネギ、そして田舎で食べるような茹でた野菜。イチジクやヒヨコマメ、インゲンマメなど甘みのあるものも。葡萄酒を飲みながら、火のそばでギンバイカやブナの実を炒ることもある」

この対話からは「レリッシュ」という言葉の曖昧さがよくわかる。レリッシュとは通常パンと一緒に食べる肉や魚の料理のことで、品数の多い食事の中心的存在だ。だが、ソクラテスの菜食料理ではチーズがその役割を果たしている。

菜食主義とは関係なく、中世アイスランドではチーズが食事の中心を占めることが多々あ

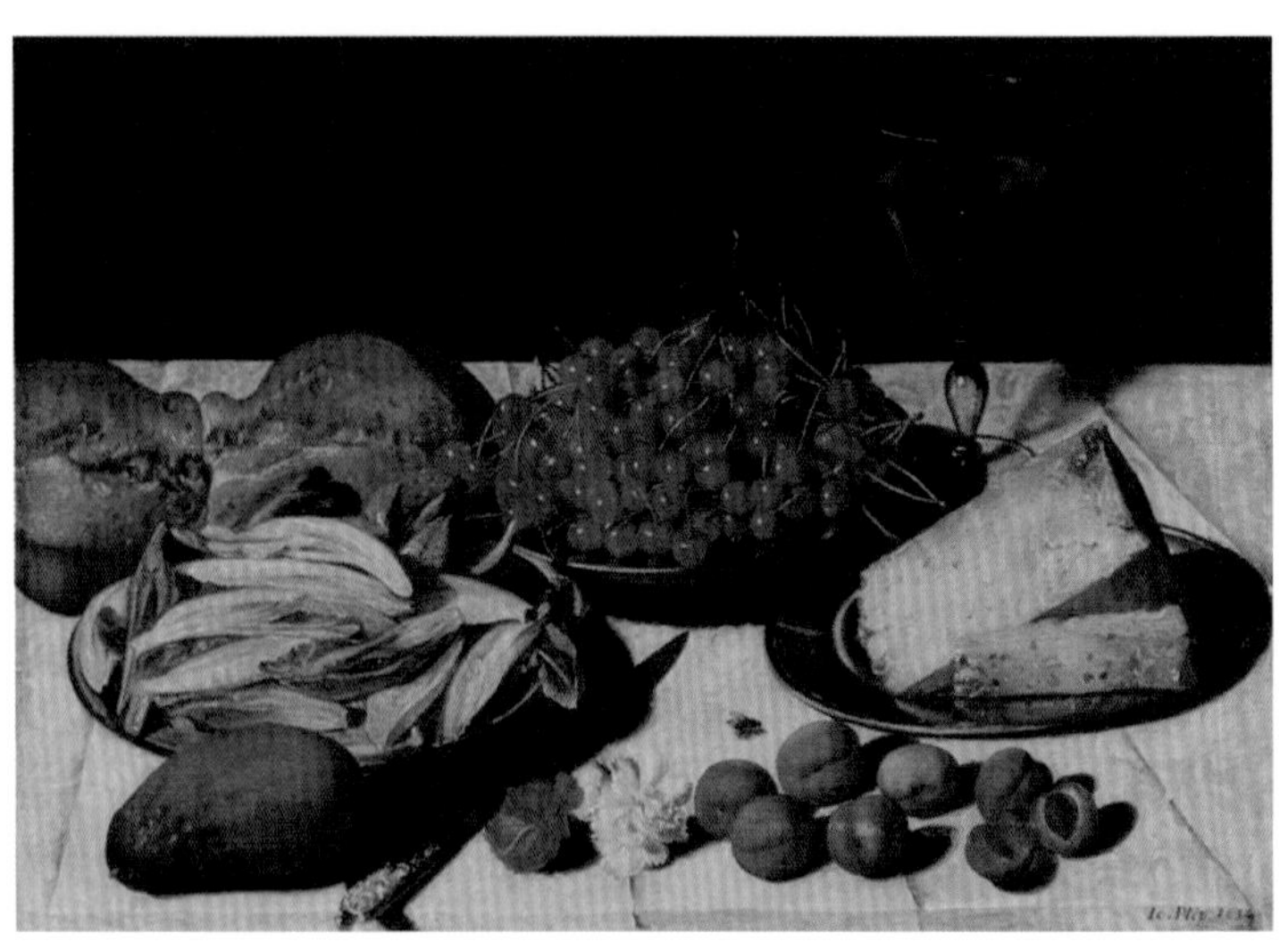

ジョセフ・プレップ作『静物画』、1632年。

った（『アイスランドのサガ』［菅原邦城、早野勝巳、清水育男訳。東海大学出版会］には「凝乳とチーズ」とある）。もっとも、アイスランド人が裕福なノルウェーを訪れて同じものを供されると、彼らはそれを侮辱と受け取ったという（『エギルのサガ』より）。それはともかく、食べ物の種類が豊富な時代や場所であっても、チーズは常に食事の中心的役割を果たしてきた。たとえばマカロニチーズや流行のフォンデュ、さらに人気のラクレット［チーズの表面を熱で溶かし、削いで食べる料理］。また、現代のイギリスでは炙って食べるならランカシャーのチーズが最適だと言われている。この食べ方は意外と古くからあり、15～16世紀の文献にはフランス東部のある種のチーズは「炙って」食べるのが最も美味だと書

「独り者の食事：パンとチーズとキス」。このジョナサン・スウィフトの言葉を1787年に版画にしたもの。作者はウィリアム・デントだと言われている。

かれている。一方、さかのぼって5世紀から6世紀頃の同じ地域では、亡命してフランク王国の宮廷に身を寄せていたビザンティン帝国の医師で『食養生について』を著したアンティムスが、彼の時代にはすでに流行していたと思われるガリア風美食のうち「あるもの」を禁じている。「チーズを焼いたり揚げたりして食べる者には、ほかの毒は必要ない！　溶け出した脂はそのまま石になるだろう」。そして、その石は腎臓に留まるとアンティムスは考えていた。

現在では肉中心の豪勢な食事の主菜にチーズが含まれることはめったになく、ときどき前菜の具材として使用される程度だ。たとえば、フランスのレストランではクルミとグリーンサラダとともに温かい山羊乳チーズが、ギリシアの大半のレストランではレタス、刻んだ辛い生タマネギ、たっぷりの良質なオリーブオイルとともにフェタチーズが供される。同じことは古代の風習にも見られ、アテネの喜劇にもこんな短い場面がある。赤ん坊が生まれたのに祝宴を開かない家の前で、ある登場人物が困惑してこうつぶやくのだ。「扉の前に花輪がなく、料理のにおいが私の鼻先をくすぐらないのはなぜだ？（中略）切り分けたケルソネソスチーズを焼き、たっぷりの油でキャベツを揚げ、脂っこい羊の肉を煮込み（中略）、体が温まる酒をたっぷり用意するのが当たり前なのに」(6)

チーズがメインコースの最後に出ることもあり、たいていその登場はかなり後だ。1475年、プラティナは「チーズはデザートのひとつとして食べるもの」だと断言した。それ以前にチーズをデザートとして記録した文献は紀元前6世紀のギリシアの詩人クセノパネスの作品で、食事後の酒宴の様子が描かれている。

今や床も、すべての人の手や杯もきれいになった。ある者は花輪を配り、またある者は甘い香りのする香料を壺に入れて差し出している。混ぜ鉢は楽しげな雰囲気に溢れ、水差しの中の葡萄酒は時間が経っても味が落ちることはなく、花の優しい香りを漂わせている。香は聖なる香りを放ち、水は冷たく甘く清らかだ。黄色いパンが並べられ、テーブルにはチーズと豊かな蜂蜜がたっぷりと盛られた。中央の祭壇は花で埋め尽くされ、

ゲオルク・フレーゲル作『チーズとサクランボの静物画』、1635年。

歌と踊りとお祭り騒ぎが広間を満たす。(7)

この描写から、チーズは蜂蜜と一緒に食べられていたことがわかる。これはなかなかいいアイデアだ。塩水に漬けておいたチーズは、洗って食べると蜂蜜とよく合うに違いない。ローマ帝国の政治家で文筆家のペトロニウスが書いたとされる『サテュリコン』では、粗野な登場人物がローマの重厚な食事について語っている。そこでは主菜の最後に付け合わせとして新鮮なチーズが出てくるが、その上には蜂蜜ではなくブドウのシロップがかかっている。ペトロニウスはこれを気に入らなかったようだが、新鮮な無塩チーズならいい組み合わせかもしれない。

現在では、チーズはフランスのようにデザートの前に供されることもあれば、イギリスのように後で登場することもある。いずれにせよ、根本的にはたいした違いはない。つまりはこういうことだ。

洋ナシとチーズの結婚ほど
幸福な組み合わせはない

これはフランスのことわざだ。[8] シェイクスピアの『ウィンザーの陽気な女房たち』でも、チーズと果物がデザートとして供される。

チーズは由緒あるデザートだが、多くの種類は比較的新しく開発された。これは20世紀の素晴らしいイノベーションであり、チーズが国際的に取引されるようになった結果生まれたものだ。[9] かつては、裕福な家の主人でさえ5、6種類のチーズをすべて最高の状態で客に供することは困難だった。昔の食事の記録からは客を招くときに食べ頃を迎えるチーズを選んでいた様子が窺え、バルトロメオ・スカッピの『オペラ』第4巻には日ごと、月ごとのメニューが書かれている。また、16世紀のバチカンでは6種類のチーズが交互に供されていたが、一度の食事で2種類以上のチーズが出ることはなかった。ただし復活節第4主日の4月25日

アメリカ合衆国の、体に良い食べ物を紹介するポスター。1942年頃。

だけは例外で、マイオリチーノ、ラヴィッジョーリ・フィオレンティーニ、パルメザンチーズがテーブルを飾ったという。

◉チーズの消化

著者不明の『古代医学』（ヒポクラテスが書いたという説が有力だ）は、その後に発表された多くの医学書より実用的だ。「単に『チーズは体に悪い』と断じるべきではない。チーズは万人に害を及ぼすものではないからだ。腹いっぱい食べても平気な者もいる。そして、そのような場合は逆に体に良い作用がもたらされる」。同じくヒポクラテスの論文集にある『養生訓』では、「チーズは体を強化し、温め、栄養を与え、落ち着かせる」と手放しの褒めようだ。だが、伝統医学ではこうした絶対的な肯定的評価は逆に「大半の人はチーズを食べない方がいい」という結論に至る十分な要素だった。滋養がありすぎる食べ物は、特に「便秘を引き起こす」ため体のバランスを崩すというのが共通の認識だったからだ。そのため賢明な医師はチーズを避けるよう助言し、賢明な患者はそれを無視した。

このテーマについて最初に書いたローマ人は、農業に関する対話集の著者ウァッロだ。「牛乳のチーズは最も栄養価が高く、最も排泄されにくい。山羊乳のチーズは最も栄養価が低く、最も排泄されやすい。羊乳のチーズはその中間だ。また、柔らかい新鮮なチーズと乾燥した熟成チーズの違いもある。新鮮なチーズは消化しやすく、体内に長く留まらない。熟成チーズはその逆である」。それ以降の医学関連の著者たちは、どちらかと言えば先人よりもチーズに対して否定的だった。ローマ帝国時代に活躍したギリシア人作家ガレノスとオリバシウスは栄養たっぷりの強力な食べ物、つまりチーズの危険性について明言している。もっとも、ふたりともある重要な点についてはウァッロと同意見だった。すなわち未熟成の新鮮なチーズは、四体液説［「血液、粘液、黄胆汁、黒胆汁」を人間の基本体液とする体液病理説］では体を過剰に熱くもせず、腐食もさせない。「分解、吸収」されやすく、胃に優しい。そういう意味ではチーズはお勧めかもしれないが、大事なのは食べる量だ。ローマ人でも裕福な者しか入手できなかった比較的新鮮なヴァトゥスチカスでさえ、食べ過ぎた場合は危険が待ち受けていた。161年、ローマ皇帝アントニヌス・ピウスは晩餐会でアルプスのチーズをたらふく食べた後夜中に体調を崩し、そのまま回復することなく3日後に息を引き取ったという(10)。

古代の医学については中世初期にアンティムスが『食養生について』のなかで要約しているが、内容はお世辞にもわかりやすいとは言えない。「チーズは胃にもたれると言われている。これは病人にも健康な者にも当てはまるが、特に肝臓や腎臓、脾臓に疾患がある場合はチーズが腎臓で固まって結石となる。新鮮で甘みのある、塩貯蔵されていないチーズは健康な者には適している。また、出来たてで新鮮なものなら、蜂蜜に漬けてもいい」。また、中世後期に広く読まれ、多くの論評も残る食事療法書に『サレルノ養生訓 *Regimen sanitatis Salernitanum*』がある。これはサレルノ医学校があるイングランド王に、ラテン語の詩の形で宛てた書だとされる。冒頭では、チーズは「憂うつ」を引き起こすので病人には有害だが「ベビーチーズ」（新鮮なチーズ）は栄養価が高いという古来の概念を改めて王に伝え、その後にチーズに特化した項目へと続く。この箇所は冒頭とは微妙にニュアンスが異なっている。

チーズは冷たく、便秘の原因となり、ざらついて硬い
チーズとパンは　健康な者には良い食事だ
病人はパンのみにしておくほうがよい
無知な医師は、チーズは害だと言う
では、なぜチーズが食されるのか？　彼らはその理由を知らない
食事の最後に食べれば
チーズは疲れた胃を癒す
科学の知識に通じた者たちが　そう証言している

クロイツケーゼ。バイエルン州ドナウヴェルトの聖十字修道院で伝統的につくられていた十字架の刻印入りチーズ。薬草マニュアル『健康の園 *Hortus Sanitatis*』（1491年）の木版画。

言い換えれば、17世紀以来イギリスで言われる通り「チーズの後には何もなし」ということだ。ルネサンス期は科学的知識には大きな変化をもたらしたが、食事に関する助言に関してはほとんど影響を与えなかった。トマス・マフェットは『健康改善』（１６０４年）で、ガレノスや中世のユダヤ人栄養学者イサク・イスラエリを引き合いに出して自分の学識を誇示しているが、よく読むと特に目新しいことは書いていない。「乾燥した熟成チーズは危険だ。なぜなら排便が滞り、肝機能を阻害し、黄胆汁、憂うつ、結石の原因となり、未消化のまま長く胃に留まり、喉の渇きをもたらし、口臭と肌荒れを引き起こすからだ。だからこそ、ガレノスやイサクはこう警告した。ルアンチーズは多めに、新鮮なチーズならなお大量に食べても構わないが、硬い熟成チーズは肉を食べた後に少量口にする程度に留め、胃を閉じるべきだと」

熟成チーズは消化剤の役割を果たすが、それは食事の最後に食べる場合に限るという考え方は、現代社会にも変わらず根付いている。好むと好まざるとにかかわらず、チーズがデザートと見なされているのはこのためだ（一方で、山羊乳のフレッシュチーズは前菜と考えられている）。私たちが行った調査では、「チーズは食事の後に取る」という考え方が形成された時期を食物関連の書籍から突き止めることはできなかった。実は、この考え方は食生活ではなく薬学の領域に端を発している。１６００年前、ボルドーの医師マルセリュは疝痛の患

フランス中部シャルトルの市場で販売されているクロタン・ド・シャヴィニョル。

者に「よく熟成された羊乳チーズ」（現代で言えば良質のピトム・デ・ピレネーのようなチーズだろう）を「食事と一緒に食べるか、削ってワインに溶かして飲む」よう処方している（ギリシア神話のヘカメーデーがネストールのために用意した薬に似たものと思われる）。また、マルセリュの４００年前には、コルメラが非常に強い「薬効」のある消化剤の原料としてチーズを処方箋に加えている（ｐ．１８７「消化剤」のレシピ参照）。

長い間「チーズは体に悪い」という通念が浸透していたなか、勇敢にもそれに異を唱えた医学者や医者もどきはさぞ大変な思いをしたことだろう。ニューヨークのバーテン、ジョセフ・クニリムもそのひとりだ。クニリムは１９２０年代初頭に自分のバーを「ピルスナー療養所」に変えて一時的に有名になった[11]。この療養所で、彼は市民の健康と自分の利益のために冷えすぎていないピルスナービールと美味しいカマンベールチーズを提供した。そして十分に儲けた後引退してヨーロッパを旅し、ピルスナーの起源を知ったという。また、カマンベールの地を訪れた際には、カマンベールチーズを発明したとされる18世紀の農婦マリー・アレルの記憶を蘇らせることに成功する。歴史的な確証はないものの[12]、それ以来アレルは「カマンベールの発明者」として称えられることになった（誰が開発したにせよ、カマンベールはブリーの製法を小型のチーズに応用して大成功を収めた例だ）。クニリムの死後間もない１９２８年には、もとフランス大統領がアレルの記念碑の除幕式を執り行っている。

◉比喩・ことわざのなかのチーズ

チーズを愛する人々は、ことわざめいた言い回しに魅力を感じる傾向にあるようだ。ヨハン・フィッシャルトは、ラブレーが著した5巻から成る『ガルガンチュアとパンタグリュエル』に出てくるガリアのことわざ「チーズと洋ナシの結婚」だけでは満足せず、同著作をドイツ語に翻訳した拡大版『奇想天外な歴史の寄せ集め *Affentheurlich naupengeheurliche Geschichtklitterung*』（1575年）でふたつの言い回しを新たに追加した。

Caseus und caepe, die kommen ad prandia saepe: — und
Caseus und panis sind köstliche fercula sanis.
（チーズとタマネギはしばしば昼の食卓を飾る。そして
チーズとパンは健康な者にとっては価値ある食事だ。）

2行目は、先述した『サレルノ養生訓』の一節をドイツ語（Caseus und panis sind köstliche）とラテン語（fercula sanis）で表記したものだ。1行目はガリアのことわざとは異なる組み合わせで、強いにおいを放つ朝食「チーズと音楽」が、400年前にすでにドイ

ブリー・ド・ナンジか？　アントワーヌ・ヴォロン作『チーズのある静物』、1870年代後半。

ツの食文化の一部だったことがうかがえる。一方、イギリスのことわざを見るとチーズの結婚には経済的な基盤が求められるようだ。「チーズと現金は一晩ともに寝なければならない」（「チーズを買う場合は必ず前払いで」の意）。古代ギリシア人は、チーズとパンを経済的格差の比喩として用いていた。「物乞いはパンがないのにチーズを買った！」ということわざは、限られた資源を浪費するという意味だ。だが、現代のイタリアではチーズをパン（「パンとチーズ」で「手を取り合って」の意）やパスタ（「マカロニにチーズをかける」で「最後の仕上げをする」の意）と組み合わせたことわざがよく使われる。15世紀には、プルチが叙事詩『モルガンテ』でこんな二行連を書いた。

おろし金でおろし金はおろせない
このラザニアには違うチーズが必要だ

ポルトガル語、スペイン語、ヒンディー語では、人を惑わすという言い回しにチーズが使われる。（「チーズと一緒に何かを渡す」は「罠にはめる」の例えで、「彼はそれをチーズと一緒に渡した」なら「彼は私を騙した」という意味になる。また、「チーズをひと舐めさせる」は「何らかの利益を得るためにお世辞を言う」、「チーズに何かを入れる」は「会話に秘密の

「熟成チーズ」。『健康全書』の写本より、いわゆる「チェルルティ家の記録 *Hausbuch der Cerruti*」の彩色挿絵。14世紀。

意味を込める」の意)。ルーマニアでは、チーズは不注意な様子を表すこともある(「チーズを口に含んだまま」で「未熟者」の意)。

フランスのことわざではチーズは「過剰」(「チーズを丸ごとつくる」で「大げさに考える」、「大金を使う」の意)、ドイツでは「ありふれた退屈なもの」(「ジャガイモのスープと白いチーズ」で「皆同じものを食べる」の意)を表す。また、イタリアでは倹約を促すのに「チーズで船をつくり、パンでバルトロメオ[イエスの使徒のひとり]をつくる」ということわざが用いられる。これは「食べ物の皮や耳を残す」、「もったいない食べ方をする」という意味だ。伝説によれば、生きたまま皮剝ぎの刑で殉教したバルトロメオは、皮膚以外何も残っていなかったという。

また、複数の国でチーズは女性の美しさを表現するのに使われる。『オデュッセイア』では、洞窟でチーズをつくる粗野な巨人キュクロプスが妖精ガラテイアに叶わぬ恋心を抱き、その色白の肌を新鮮なチーズの白さにたとえた。古代ローマの喜劇では、恋人が最愛の人に延々とこう呼びかける。「僕の蜂蜜、僕の心臓、僕の初乳、僕の小さな柔らかいチーズ!」。また、現代のシチリア島では容姿端麗な若い女性を「後ろ姿がチーズのように美しい」と称えることがある。

1477年には、チーズに関する文献として画期的な著作が発表された。サヴォイア公爵の侍医パンタレオーネ・ダ・コンフィエンツァによる、ヨーロッパのチーズとチーズ製造についての実に独創的な調査書だ。彼はこれを『乳製品大全 *Summa Lacticiniorum*』と名付けたが、これはトマス・アクィナスの大著『神学大全 *Summa Theologiae*』のような由緒ある著作物を連想させる。パンタレオーネは敢えて壮大な題名をつけることで、この調査書が乳製品に特化した決定的な1冊だと印象づけたかったのだろう。『乳製品大全』はそれぞれのミルクの性質とそれを原料にした製品、特にチーズについての概論に始まり、その後、季節、気候、ミルクの生産地、製造方法、熟成方法に触れながらチーズの多様性についてまとめている。第2部はパンタレオーネにとって馴染みのある地域や地方のチーズの説明で、彼は生まれ故郷の北イタリア、トスカーナのマルツォリーノやサヴォイアの多くの良質なチーズを調査した。その後はフランス全土を巡ってチーズを調査し、特にブリーチーズとポワトゥーの山羊乳チーズの品質の良さを高く評価した。一方でドイツ産のチーズについてはあまり関心を示さず、アントワープで販売されていたイングランド産のチーズはイタリア産の最高級品に匹敵すると記している。

これより以前にチーズの専門書はなく、『乳製品大全』はチーズに特化した初の著作物だと言える。この60年後、『セレ・ステンタトのチーズ料理集 *Formaggiata di Sere Stentato*』という少々変わった書籍が出版された。「セレ・ステンタト」なる架空の人物が書いたという形を取っているが、実際にはピアチェンツァの美食家協会の会員だったジュリオ・ランディによるものだ。「セレ・ステンタト」はポー渓谷で製造される美味しいハードチーズをはじめチーズ全般を支持し、さまざまな批判に対してときには下品で不道徳な言葉で対抗する。あまりに度が過ぎた表現は、その後の版では検閲によって削除された。また、チーズに捧げる詩が初めて登場したのは1557年、イタリアのエルコレ・ベンティヴォーリオによるもので、彼はチーズの栄養価の高さを強調し、この食べ物は媚薬であると言い切った。その次の作品は、カンタルとブリーを称えたサン＝タマンによるものだ。それからずっと後の1900年頃、ベルギーの詩人トマス・ブラウンによる『祝福の書 *Livre des Bénédictions*』にチーズを賞賛する詩が掲載された。その一方で、19世紀にはチーズに関する技術文献が充実していた。最も初期の重要な文献に、19世紀を目前にして北米とヨーロッパで出版されたジョサイア・トワムリーの『優れた乳製品』や、1839年にニューイングランドで出版されたウィリアム・W・タウンゼントの『酪農の手引』がある。[13] 1930年代には美食家を目指す人々向けにチーズの種類、選び方、盛り付け方について書かれた書籍が人気を博した。チーズ料理に関する本が出版され始めたのは1940年代初頭だ。1970年代半ばにはチーズ小説というかなり特殊なジャンルが登場し、特定のチーズに関する歴史書が出版されることもあった。内容は軽いものから本格的なものまで幅広い。チーズにまつわる科学や病理を扱った専門的な書籍は20世紀を通じて刊行されたが、それより以前に出版されたものもある[14]。

もっとも、そうした専門的な書籍を読まなくても、「チーズ」という語を目にするだけであの独特な味やにおいが脳裏に浮かぶ人も多いだろう。1992年に出版されたジョン・シエスカの児童文学『くさいくさいチーズぼうや&たくさんのおとぼけ話』〔青山南訳。ほるぷ出版〕に登場する主人公と、1996年出版のギャリソン・ケイラーによる物語詩『チーズがだいすきなおじいちゃん』の主人公とでは、どちらのほうが臭いだろう？　後者の主人公は、イージー・エドのチーズマーケットに足繁く通う常連だ。

胸が悪くなりそうな　酸っぱくてひどいにおい
スカンクたちもにげ出して　しばらく横になっていた

有名なチーズの名前が特定の物語や詩を連想させる場合もある。「パルメザン」と聞けばスティーヴンソンの『宝島』に出てくるリヴジー医師が思い浮かぶだろう。「私の嗅煙草入れには、パルメザンを入れてある。イタリアのチーズで、栄養満点の食べ物だ」。スイスチーズに多数の穴が空いているのは周知の事実で、イギリスのイラストレーター、ヒース・ロ

凝乳と乳清を分離してパルメザンチーズをつくる。イタリアのパルマで2004年撮影。

ビンソンはそれをネタに「グリュイエールチーズの製法でグロスターチーズを2倍製造する仕組み」をイラストにした。また、『アステリックス、スイスへ行く *Astérix en Suisse*』というコミックでは、大きな円盤型のグリュイエールを配給でもらったオベリックスが「チーズじゃなく穴を食べてるようなものだ」と文句を言う。そして、この物語のクライマックスではスイスでのフォンデュパーティでの巨大な鍋、その中にパンのかけらを落とした者への手厳しい罰金、ローマの招待客たちが溶けたチーズの糸にねっとりと覆われていく様子（潔癖なスイス人の主人はこれを見てうんざりする）が描かれている。また、オランダのチーズは17世紀の詩人ラ・フォンテーヌの『寓話』のなかで、安らぎの隠れ家として登場している。

浮世のわずらわしさに疲れたネズミ
オランダチーズのなかに
静かなる隠れ家を見つけた

次に「グリーンチーズ」。先述したように、この場合の「グリーン」は色を意味するわけではない。新鮮なチーズやカッテージチーズをかつては「緑のチーズ」と呼んでいたのだ。グリーンチーズは「明らかに嘘だとわかっていることを信じ込ませる」という文脈で、「月がグリーンチーズでできていると言って丸め込む」、「田舎の農民は、月がグリーンチーズでできていると言えば真に受ける」というように使われる。[15] 天文学者たちが4月1日のエイプリルフールの日になると「月は確かにグリーンチーズでできている」と発表するのは恒例行事だ。読者のなかには、グレアム・オークリーの『教会ねずみ、宇宙飛行士になる』(1974年)〔真方忠道訳。すぐ書房〕を思い出す人もいるだろう。この本では、ウォートルソープ市月面着陸計画に取り組む科学者たちが月で仕事をするネズミの姿をついに捉え、月が食べられる物質でできていることを証明する。

文学におけるチーズは日常的な食べ物として、あるいは特別な価値を持つものとして登場

「お代は無料」。石版画出版商会カリアー・アンド・アイブズによる印刷。ニューヨーク、1872年。

する。まずはホメーロスの『オデュッセイア』に登場するキュクロプスのエピソードを見てみよう。ギリシア北部の山岳地帯に住む遊牧民と同じく、チーズづくりは粗野なキュクロプスの日々の仕事だ。チーズのくだりのホメーロスの描写はかなり詳細で、オデュッセウスと家来たちにとってチーズを盗むかどうかはかなり重要な問題だということが伝わってくる。結局盗まないと決めたオデュッセウスらは、その場に座り込んでチーズを食べる。この場面は『オデュッセイア』の表向きのテーマである英雄伝説からはほど遠い、ごく普通の日常生活の光景だ。だが、そこにキュクロプスが戻ってきたことで、物語は突然非現実的な雰囲気に変貌する。当時の日常生活においてチーズは不可欠な食べ物であり、貴重な財産だった。ラテン語の詩『モレトゥム』に出てくるチーズは、イタリアの農民が妻のつくる焼きたてのパンと共に調理する昼食モレトゥムのおもな材料だ。また、ゾラの『壊滅』にはパンとチーズだけの食事の描写が頻繁に出てくるが、これは１８７０年に勃発した普仏戦争の間、兵士や一般市民が必要最低限の物資しか手にできなかった当時の世相を反映している。

食べ物の種類が豊富な地域でも、チーズは確固たる地位を保っていた。ローマ時代の詩人たちが書いた晩餐会のメニューにもチーズは入っており、これを読めばきっと誰もがよだれを垂らすことだろう。詩人マルティアリスの作品では招待客は「軽く炒めた卵、ヴェラブロの炉で燻したチーズ、ピケヌム［古代イタリア半島中央部東岸の地方］の霜に当たったオリーブ」を供される。当時はその食材が自分の所有する農場で生産されたと主張するのが普通だったが、マルティアリスはその形を取らなかった。それははるか昔、1世紀ローマの文芸作品においてすら「農場でつくったチーズ」よりも「優良生産者がつくったチーズ」の方が聞こえが良かったからだろう。同じく古代ギリシアの詩人テオクリトスのギリシア神話にもチーズが登場するが、そのチーズは羊飼いから恋人への贈り物、また田舎で神や女神の祭壇に捧げる素朴な供物だ。これは目新しいことではなく、最古の記録や芸術の中では、当時チーズは神々に捧げるにふさわしい供物と見なされていた。ヒッタイトの宗教には、男達がチーズを武器にして戦うという奇妙な儀式も存在していた。[16] 17世紀の劇作家ベン・ジョンソンが書いた『悲しい羊飼い』では、架空の田舎の祭りでチーズと乳製品がふんだんに振る舞われる。「チーズケーキ、凝乳、濃厚なクリーム、フール［果物のピューレと泡立てたクリームを混ぜたデザート］、フラン［カスタードやチーズ、果物などを詰めたタルト］をご堪能あれ。（中略）羊乳を濾し注ぎ、サイダー・シラバブ［リンゴ酒とワイン、ミルクを混ぜた飲み物］をつくろう」

また、チーズが嫌悪感や、逆に魅惑の象徴となる場合もある。嫌悪感の例は、前述の劇作家ジョンソンによる『浮かれ縁日』だ。作中、ある田舎の警官がこう罵倒される。「ウェールズの寝取られ男め。警官だなんて笑わせる！　ネギとメテグリン（蜂蜜酒）とチーズの臭いをぷんぷんさせやがって」。実際、16世紀にはウェールズ人のチーズトーストと「ウェルシュレアビット［チーズと香辛料などで作ったソース］」好きは悪名高く、イングランドでは笑いのネタになっていた。アンドリュー・ボールドは『健康管理の基本 *A Compendyous Regyment*』（1542年）の改作版で次の有名なエピソードを取り入れている。かつて天国には多くのウェールズ人がいたが、今はひとりもいない。聖ペテロが混雑を解消する巧い方法を見つけたからだ。「彼は天国の門の外に出て、大声で叫んだ。『焼きチーズだ！　焼きチーズがある！』」。これを聞いたウェールズ人は一斉に天国から駆け出し、聖ペテロは天国に戻

アンニーバレ・カラッチ（1560〜1609年）作『パルメザンチーズ売り』。

って門を閉めた」。チーズが嫌悪感の象徴となる文学作品はほかにもある。ジェローム・K・ジェロームの『ボートの三人男』を読んだことがあるなら、「チーズを旅の友とすることの利点」を示すエピソードを思い出さない者はいないだろう。語り手は友人（名前は出てこない）から、上質な熟成チーズ（チェシャーか、あるいはランカシャーか？）ふたつを列車でリヴァプールからロンドンまで運ぶよう頼まれる。このにおいの強い荷物のおかげで、混んだ車両でも彼はコンパートメントを独り占めすることができた。一時的に同席した葬儀屋は「死んだ赤ん坊のにおいがする」と言い、客車にいた全員が逃げ出そうとする。チーズに対するこの偏見とも言える見方を裏付けるかのように、ピアチェンツァとパルマのチーズを好んだジュリオ・ランディはプロヴァトゥーラを老人の睾丸に、カチョカヴァッロを垂れた乳房に例えた。

一方で、チーズを魅惑的な存在と捉えた者もいる。ジョン・フォードが1633年に発表した喜劇『あわれ彼女は娼婦』には、若いならず者が「パルメザンチーズを愛するのと同じくらい」恋人を愛しているという表現があり、ここではチーズが賛美の対象として用いられている。1642年、フランスの詩人サン＝タマンがそのにおいを賞賛したロックフォールは「最も洗練された品のひとつ」であり、またカンタルは彼にとって黄金にも値するものだった。グレアム・グリーンの『ハバナの男』では、スパイたちの晩餐会のテーブルに「完璧

製造中のモン・ドール。フランス、ロンジュヴィル・モン・ドールのチーズ製造所。

な」ウェンズリーデールが置かれていた。ユイスマンスは『さかしま』で、主人公デ・ゼッサントがパリのサン＝ラザール駅横にあるイギリス風居酒屋で食べた「甘さに苦味が染み込んだ青いスティルトン」を、刺激に飢えた彼がロンドンに行った気分になれるほどの名品として描いている。

歴史家ピエロ・カンポレージは、ふたつの対照的な随筆でそれぞれチーズの光と影について意見を述べた。ひとつはチーズに対する古代栄養学者たちの疑念について、もうひとつはルネサンス期イタリアでの食文化の成熟について。それよりずっと以前、エミール・ゾラも『パリの胃袋』でチーズの相反する要素を浮き彫りにしている。パリの中央卸売市場レ・アールとその周辺が舞台となるこの小説で、奇妙な形と強烈なにおいを持つチーズ屋の描写はかなり非日常的だ（これはゾラの筆致にときどき見られる特徴でもある）。藁の敷物の端から端まで小さなボンドンの型が置かれ、グルネーチーズが炭酸銅に覆われた古銭のように並んでいる。テーブルの上にはチャードの葉に包まれ、まるで斧で割られたかのような巨大なカンタル、黄金色のチェシャー、原始的な戦車の車輪のようなグリュイエールがある。オランダチーズは切断された血まみれの頭を思わせ、空っぽの頭蓋骨のようにもろい——まさにテット・ド・モール（死者の頭部）だ。ブリーは3つあり、そのうちふたつは完璧な満月型、もうひとつは半円よりやや膨らんだ型。青白い内部が大量に垂れてクリームの湖を作っている。アンティークの円盤のようなポール・サリュや、ヌガーバーのように銀紙に包まれたロマントゥールもある。それから赤ん坊のこぶし大の山羊乳チーズ、その上にはガラス製のドーム内に鎮座するロックフォール。脂肪分の多いその表面は、恐ろしい病気に感染したかのように青と黄色の大理石模様になっている。さらに、においの強いチーズの描写が続く。甘い香りを放つ淡い黄色のモン・ドール、湿った洞窟のにおいのトロワ（現代のシャウルスだろう）、長く吊るされたジビエのようなカマンベール、ヌーシャテル、リンバーガー、マロワル、ポン・レヴェック——そして喉に硫黄のにおいが貼りつきそうなリヴァロ、クルミの葉（とゾラは書いている）に包まれ、畑の隅に放置されて日光に長くさらされた腐肉のような悪臭を放つオリヴェ。店の奥では薄い木箱に入ったアニス風味のジェロメが、周囲を飛ぶハエも死んでしまうほど毒性の強いにおいを漂わせていた。

◉結論

本書で取り上げてきたチーズにまつわる知識や歴史は、ほんの断片に過ぎない。チーズの略史はその開発の歴史でもあるが、まだまだ曖昧な点も多いからだ。ましてや多種多様なチーズの本当の意味での全史は、いまだ書かれていない本のようなものだ。チーズ史を調べる者は、途中で必ず同じ問題に直面する。ひとつ目は、偉大なるチーズに投入された多くの技術や労力に関する過去の記録がほぼ現存しないということ、ふたつ目は記録があったとしても場所、名前、風味などについては不透明な部分が多く、たとえ（良くも悪くも）何か変化があったとしてもそれが見過ごされてしまうことだ。19世紀半ばのスティルトンは一般的に青色ではなかった、という説は真実なのか？ ウェンズリーデールは「クリーミーでコクがあり、繊細な風味を持ち、十分に柔らかく、青色が表面に均一に広がっていなければならない」というバーデットの文章を読んだからといって、白いウェンズリーデールを「これはニセモノだ」と決めつけていいのだろうか？

白いウェンズリーデール（より熟成が進んだブルーチーズではなく）は、今やウォレスとグルミット［イギリスのアニメーション映画のキャラクター］も夢中になる定番のチーズだ。

本書では、チーズの微生物と栄養についてはほとんど触れていない。（栄養学者だけでなく歴史家にとっても）役に立つはずの多くの研究が、チーズの生産地を特定できないために使い物にならないからだ。よく熟成された農家のチェダーチーズやグリュイエールチーズ、伝統的に水牛乳でつくられるモッツァレラチーズは、乳糖、脂肪、塩分の含有量や微生物相が一般的な模造品とは大きく異なる。だが、チーズ愛好家ではない科学者たちは、このような点を気にも留めないだろう。いずれにせよ、こうした違いについての研究はまだほとんど着手されていないも同然だ。

これがチーズ史の現状なのだ。そんななか「世界最高のチーズ」について語っていいものだろうか？[18] 開発されてはすぐに姿を消すチーズは、顔にできては治るにきびのようなものだ。フランス、アメリカ、イギリスで小規模につくられるアルチザン（職人）・チーズが復活しつつあることを本書で取り上げなかったのは不公平かもしれない。だが、そういう書籍はすでに存在するし、５０００年に及ぶチーズ史のなかで本当に転換点になり得る現象なのかどうか、その答えは１００年経ったくらいでは出ないだろう。世界規模の貿易、工場での大量生産、そして人類の健康を左右する立場にある人々の致命的な無知のせいで、本物のチーズは遠くない将来、永遠に姿を消すかも知れない。あるいは、新しい考え方が生まれようとしている兆候なのだろうか？　いつかは合理的な論理が追いやられ、過度な衛生観念から解き放たれて本物のチーズが世界を支配する日が来るかもしれない。歴史家とは客観性を重んじるものだが、ほんの束の間、より素晴らしい未来を夢見るくらいは許されるだろう。

謝辞

本書を滞りなく無事に出版できたのはマイケル・リーマン、イアン・ブレンキンソップ、マーサ・ジェイ、そしてリアクション・ブックス社の皆さんのおかげにほかならない。また、さまざまな形で私を支えてくれたジャック&アン・フラベル、シャーリー&ブライアン・アンカー、ジェリー・マンサーとレスリー・マクドゥガル、レイチェルとコスタス、エリザベスとリチャード、そしてモーリン、ありがとう。最後に、最高に美味しいシェーヴル・シュール・フォイユを提供してくれたテレーズ・シャルティエに遅すぎる感謝を。今彼女がいる場所では食品検査官に口出しをされることもないと思うと、少しは心が慰められる。

訳者あとがき

人類最古の食品のひとつと言われるチーズ。その誕生については諸説ありますが、動物の胃袋で作った入れ物に山羊のミルクを入れて持ち運んだ際に、袋からしみ出したレンネット（凝乳酵素）によってミルクが固まったのが始まりだというのが通説のようです。本書には、チーズの最も古い直接的証拠が発見された場所はエジプトだと書かれています。《エジプトにチーズが存在したという最も初期の痕跡は、エジプト第1王朝（紀元前3100年から2900年頃）の墓から出土したふたつの壺に含まれる奇妙な物質だ。壺にはそれぞれ「北のrwt」、「南のrwt」という文字が刻まれており、不思議に思った複数の考古学者が調査を行った（味見まではしなかったらしい）結果、この物質はチーズだと判明した》（第2章「チーズの歴史を紐解けば……」より）。もっとも、注記にあるように本書が執筆された後の2012年、ポーランドで7000年以上前のチーズ製造の痕跡が発見されました。ですので、現時点でエジプトで発見された壺に含まれるチーズが最古のチーズとは言い切れないのですが、「rwt」が何を意味するにせよ、これが最古の名称の記録ということにはなりそうです。残念ながらチーズにまつわる過去の記録は少なく、またあったとしても不透明な部分が多いため、《本当の意味での全史は、いまだ書かれていない本のようなもの》（第4章「チーズの楽しみ方」より）ですが、中世以降は文献にその名が登場する頻度が増えていきます。食べ物や健康に関する書物だけでなく文学や詩、ことわざなどにもさまざまなチーズがさまざまなイメージや意味で用いられていますので、そのあたりはぜひ本文を読んでお楽しみいただければと思います。

それにしても本書を読むと、いくら長い歴史があり、世界各地域の風土の違い、文明や道具の進化などの影響を受けているとは言え、家畜の乳というごくシンプルな原料からよくこれだけの種類のチーズがつくられるものだと感心してしまいます。色も言葉で表せば白、黄色、オレンジなどわずか数色になりますが、たとえばひと口に白いチーズと言っても質感の違いや熟成度によってお豆腐のような白、クリームがかった白、青みを帯びた白などバラエティに富んでいます（今ふとアンミカさんの名言「白って200色あんねん」を思い出しました）。名前の由来も「パルミジャーノ・レッジャーノ」のように生産地名からついたもの、「スティルトン」のように販売されていた場所からついたもの、「ルブロション」のように製造方法からついたもの、「カチョカヴァッロ」のように見た目の形状からついたものなどいろいろです。さらに、カビの生えたチーズやダニ（！）が湧いたチーズが珍味として重宝されているという事実を見ても、人類はチーズに対して飽くなき探究心と好奇心を抱き続けてきたことがよくわかります（ドイツのダニ入りチーズの生産地、ヴュルヒヴィッツにはチーズダニの記念碑まであるくらいです。p115参照）。それだけチーズの世界は奥深く、魅力的なのでしょう。お気に入りのチーズがある方はその歴史に思いを馳せながら、新規開拓したい方は好みのチーズを探しながら、本書をじっくり味わっていただければ嬉しく思います。

本書『チーズの歴史 *Cheese: A Global History*』はイギリスのReaktion Booksが刊行しているThe Edible Seriesの1冊です。2011年に『チーズの歴史：5000年の味わい豊かな物語』（久村典子訳。ブルース・インターアクションズ）として日本で出版されており、本書はその新訳版になります。2010年に料理とワインに関する良書を選定するアンドレ・シモン賞の特別賞を受賞したシリーズで、邦訳版では〈「食」の図書館〉および〈お菓子の図書館〉シリーズと命名されています。身近な食材や食品を取り上げた読み応えのあるシリーズですので、気になるものがありましたらぜひ他の本も手に取ってみてください。

最後になりましたが、数々の貴重なアドバイスをくださった担当編集者の善元温子氏、これまで私が翻訳を担当させていただいた〈「食」の図書館〉シリーズで大変お世話になりました中村剛氏に心から感謝申し上げます。

２０２４年１月

富原まさ江

写真ならびに図版への謝辞

著者と出版社は、以下の写真ならびに図版の提供元および／または複製許可者に感謝の意を表したい。一部の作品の所蔵先は次の通り。

AKG Images: p. 154; Paul Almassy/AKG Images: p. 50; Maria Antonelli/Rex Features: p. 159; Biblioteca Computense: p. 19; Bodleian Library, University of Oxford (Shelmark: Douce B.781, page 51): p. 111; British Library/AKG Images: p. 39; Bundesarchiv: pp 99, 120; Vivian Constantinopoulos: pp. 8; Paul Cooper/Rex Features; Andy Green/Istockphoto: p. 6; The Illustrated Bartsch (vol. 90): pp. 147, 149; Library of Congress: pp. 42, 48, 54, 56, 59, 63, 64, 76, 84, 97, 139, 143, 161; Image © The Metropolitan Museum of Art: p. 152; Photo courtesy PDPhoto.org: pp 15, 35, 43, 53, 61, 85, 95, 118, 131, 169; Dave Penman/Rex Features: p. 166; PictureContact/AKG Images: p. 12; Reproduced by permission of Pollinger Limited and the estate of Mrs J. C. Robinson: p. 32; Roger-Viollet/Rex Features: pp. 105, 122; Yvan Travert/AKG Images: p. 74; TS/Keystone USA/Rex Features: pp. 128; University of California, San Diego: p. 28.

Nicholson, Paul T., and Ian Shaw, eds, *Ancient Egyptian Materials and Technology* (Cambridge, 2000)

Nicoud, Marilyn, *Les régimes de sauté au moyen âge*(Rome, 2007)

Ó Sé, Mícheál,'Old Irish Cheeses and Other Milk Products' in *Journal of the Cork Historical & Archaeological Society*, 2nd ser., vol. 53 (1948), pp. 82–7

de Roest, Kees, *The Production of Parmigiano-Reggiano Cheese: The Force of an Artisanal System in an Industrialised World* (Assen, 2000)

Russell, Nerissa, 'Milk, Wool, and Traction: Secondary Animal Products', in *Ancient Europe 8000–1000: Encyclopedia of the Barbarian World*, ed. P. I. Bogucki and P. J. Crabtree (Farmington Hills, 2004), pp. 325–33

Sherratt, A. G., 'Plough and Pastoralism: Aspects of the Secondary Products Revolution' in *Pattern of the Past: Studies in Honour of David L. Clarke*, ed. I. Hodder et al. (Cambridge, 1981, pp. 261–305

—, 'The Secondary Exploitation of Animals in the Old World' in *World Archaeology*, vol. 15 (1983), pp. 287–316

Simoons, Frederick J., 'Primary Adult Lactose Intolerance and the Milking Habit: A Problem in Biologic and Cultural Interrelations', in *American Journal of Digestive Diseases*, vol. 14 (1969), pp. 819–36; vol. 15 (1970), pp. 695–710

Smith, John, *Cheesemaking in Scotland: A History* (Clydebank, 1995)

Stol, Marten, 'Milk, Butter and Cheese', in *Bulletin on Sumerian Agriculture*, vol. 7 (1993), pp. 99–113

Whittaker, Dick and Jack Goody, 'Rural Manufacturing in the Rouergue from Antiquity to the Present: The Examples of Pottery and Cheese', in *Comparative Studies in Society and History* vol. 43 (2001), pp. 225–45

Zaky, A. and Z. Iskander, 'Ancient Egyptian Cheese', in *Annales du Service des Antiquités de l'Egypte*, vol. 41 (1942), pp. 295–313

Zaouali, Lilia, *Medieval Cuisine of the Islamic World: A Concise History with 174 Recipes* (Berkeley, 2007)

Røros, Norway', in *Anthropology of Food*, 4 (2005) [aof.revues.org/document211.html]

Berno, Francesca Romana, 'Cheese's Revenge: Pantaleone da Confienza and the *Summa Lacticiniorum' in Petits Propos Culinaires*, 69 (2002), pp. 21–44

Boisard, Pierre, *Camembert: A National Myth* (Berkeley, 2003)

Bottéro, Jean, *The Oldest Cuisine in the World: Cooking in Mesopotamia* (Chicago, 2004)

Bruyn, Josua, 'Dutch Cheese: A Problem of Interpretation', in *Simiolus*, vol. 24 (1996), pp. 201–8

Cheke, Val, *The Story of Cheese-making in Britain* (London, 1959)

Choden, Kunzang, *Chilli and Cheese: Food and Society in Bhutan* (Bangkok, 2008)

Copley, M. S. et al., 'Processing of Milk Products in Pottery Vessels through British Prehistory' in *Antiquity*, vol. 79 (2005), pp. 895–908

—, 'Dairying in Antiquity' in *Journal of Archaeological Science*, vol.32 (2005), pp. 485–546

Evershed, R. P. et al., 'Earliest Date for Milk Use in the Near East and Southeastern Europe Linked to Cattle Herding', in *Nature*, vol. 455, no. 7212 (2008), pp. 528–31

Frayn, Joan M., *Sheep-rearing and the Wool Trade in Italy During the Roman Period* (Liverpool, 1984)

Gibb, J. G., D. J. Bernstein and D. F. Cassedy, 'Making Cheese: Archaeology of a Nineteenth-century Industry', in *Historical Archaeology*, vol. 24 (1990), pp. 18–33

Greco, Gina L., and Christine M. Rose, trans., *The Good Wife's Guide: Le Ménagier de Paris: A Medieval Household Book* (Ithaca, NY, 2009)

Hickman, Trevor, *The History of Stilton Cheese* (Stroud, 1996)

Hoffner, Harry A., *Alimenta Hethaeorum: Food Production in Hittite Asia Minor* (New Haven, CT, 1974)

—, 'Milch(produkte)', in *Reallexikon der Assyriologie*, vol. 8, ed. Erich Ebeling, Bruno Meissner et al. (1978), pp. 189–205

Laurioux, Bruno, 'Du bréhémont et d'autres fromages renommés au xve siècle', in *Scrivere il medioevo: lo spazio, la santità, il cibo: un libro dedicato ad Odile Redon*, ed. B. Laurioux and L. Moulinier-Brogi (Rome, 2001), pp. 319–36

Limet, H., 'The Cuisine of Ancient Sumer' in *Biblical Archaeologist*, vol. 50 (1987), pp. 132–47

Mulville, J., and A. Outram, eds, *The Zooarchaeology of Fats, Oils, Milk and Dairying* (Oxford, 2005)

参考文献

チーズ全般に関する文献

Barthélémy, Roland and Arnaud Sperat-Czar, *Cheeses of the World: A Season-by-Season Guide to Buying, Storing and Serving* (London, 2004)

Brown, Robert Carlton, *The Complete Book of Cheese* (New York,1955). 及び gutenberg.org/etext/14293

Burdett, Osbert, *A Little Book of Cheese* (London, 1935)

Fletcher, Janet, *Cheese and Wine: A Guide to Selecting, Pairing and Enjoying* (San Francisco, 2007)

Jenkins, Steven, *Cheese Primer* (New York, 1996)

Layton, T. A., *Choose Your Cheese* (London, 1957)

McCalman, Max and David Gibbons, *Cheese: A Connoisseur's Guide to the World's Best* (New York, 2005)

増井和子、山田友子、本間るみ子著『チーズ図鑑』（文藝春秋）

Rubino, Roberto et al., *Italian Cheese: Two Hundred and Ninetythree Traditional Types: Guide to their Discovery and Appreciation* (Bra, 2005)

Simon, André L., *Cheeses of the World* (London, 1960)

チーズの科学と技術に関する文献

Fox, Patrick F., ed., *Cheese: Chemistry, Physics and Microbiology: General aspects* (New York, 1999)

Gunasekaran, Sundaram and M. Mehmet Ak, *Cheese Rheology and Texture* (Boca Raton, FL and London, 2002)

McGee, Harold, *On Food and Cooking: The Science and Lore of the Kitchen* (New York, 2004)

Ramet, J.-P., *The Technology of Making Cheese from Camel Milk ('Camelus dromedarius')* (Rome, 2001)

チーズ史及び文化誌に関する文献

Amilien, Virginie, Hanne Torjusen and Gunnar Vittersø, 'From Local Food to Terroir Product? Some Views about *tjukkmjølk*, the Traditional Thick Sour Milk from

注

第1章　チーズの多彩な世界

1 William Horman, *Vulgaria* (London, 1519), p. xvii; Lucy Wooding, *Henry VIII* (London, 2008).

2 C. Campbell, *The Traveller's Complete Guide through Belgium and Holland*, 2nd edn (1817), vol. 4, p. 92.

3 この箇所を含むダニエル・デフォーの引用はすべて『*Tour Through the Whole Island of Great Britai*（『グレイトブリテン全島周遊記)』（1724–7）より。

4 A. V. Kirwan, *Host and Guest* (London, 1864).

5 'Doctor Thebussem' writing in *La ilustracion española y americana* (1882), p. 334.

6 Master Chiquart, *Du fait de cuisine* (1420). See Terence Scully, trans., *Chiquart's 'On Cookery'* (New York, 1864).

7 In Thomas Muffett, *Health's Improvement.* チェシャーチーズが『ドゥームズデイ・ブック』に記載されているという説がまことしやかに流れているが、そのような事実はない。

8 From 'Bajazet to Gloriana', a reworking of a poem attributed to Aphra Behn, in *State Poems* (1697).

9 Pierandrea Matthioli, *Discorsi* (1544 and later editions). Quotations from 4.98.

第２章　チーズの歴史を紐解けば……

1 See S. N. Dudd and R. P. Evershed, 'Direct Demonstration of Milk as an Element of Archaeological Economies', in *Science*, vol. 282 (1998), pp. 1478–81; M. S. Copley et al.,'Direct Chemical Evidence for Widespread Dairying in Prehistoric Britain', in *Proceedings of the National Academy of Sciences of the USA* , vol. 100 (2003), pp. 152–9.

2 詳細については Nerissa Russell, 'Milk, Wool, and Traction: Secondary Animal Products' in *Ancient Europe 8000–1000: Encyclopedia of the Barbarian World*, ed. P. I. Bogucki and P. J. Crabtree (Farmington Hills, 2004) pp. 325–33 参照。

3 Frederick J. Simoons, 'The Antiquity of Dairying in Asia and Africa', in *Geographical Review*, vol. 61 (1971), pp. 431–9; 'Lactose Malabsorption in Africa', in *African Economic History*, 5 (1978) pp. 16–34; 'The Traditional Limits of Milking and Milk use in Southern Asia', in *Anthropos*, vol. 65 (1970), pp. 547–93. 参照。

4 Peter I. Bogucki, 'Ceramic Sieves of the Linear Pottery Culture and their Economic Implications', in *Oxford Journal of Archaeology*, vol. 3 (1984), pp. 15–30; Jacqui Wood,'A Re-interpretation of a Bronze Age Ceramic: Was it a Cheese Mould or a Bunsen Burner?', in *Fire As An Instrument: The Archaeology of Pyrotechnologies*, ed. Dragoş Gheorghiu (Oxford, 2007) 参照。

5 Thorkild Jacobsen, 'Lad in the Desert', in *Journal of the American Oriental Society*, vol. 103 (1983), pp. 193–200.

6 詳しくは Harry A. Hoffner, 'A Native Akkadian Cognate to West Semitic *gbn Cheese?', in *Journal of the American Oriental Society*, vol. 86 (1966), pp. 27–31. 参照。

7 Thomas G. Palaima, 'Sacrificial Feasting in the Linear B documents', in *Hesperia*, vol. 73 (2004), pp. 217–46.

8 Harmodios of Lepreion quoted by Athenaios, *Deipnosophistai*, 148ff.

9 Aristotle, *History of Animals* (about 330 BC). Quotations from 521b27–522a31; 522b3–5.

10 ホメーロス、『イーリアス』(紀元前７世紀)。引用 11.624–41; 5.902–03 より。

11 Alkman (fragment 34 Page) quoted by Athenaios, *Deipnosophistai*, 498ff.

12 Pietro Casola, *Pilgrimage to Jerusalem in the Year 1494.* Quotation via Margaret Newett's translation (Manchester, 1907).

13 「型」という意味で具体的な記録が残っているわけではなく、「小さなチーズ」という通称からの推測だ。(Palladius, *Agriculture*, 5.9.2).

14 Mícheál Ó Sé, 'Old Irish Cheeses and Other Milk Products' in *Journal of the Cork Historical & Archaeological Society*, 2nd ser., vol. 53 (1948), pp. 82–7.

第３章　チーズができるまで

1 Pierre Boisard, *Camembert: A National Myth* (Berkeley, 2003), p. 27, citing Thomas Corneille, *Dictionnaire universel géographique* (1708) and Charles Jobey, *Histoire d'Orbec* (1778), p. 632; *Histoire d'Orbec* には、「リヴァロやカマンベールチーズほど大きくもなく、美味しくもなく、濃厚でもない」アージェロ(正確にはアンジェロ)が販売されていたと書かれている。だが、ボワザールが引用元として挙げたジョベ(Jobey)の著作は存在しない。情報の誤りを的確に指摘するのに長けていたボワザールが、自ら不確かな事実を記録に残すとは思えない。おそらく 18 世紀末の写本を誤って引用したのだろう。

2 On 23 April, according to a list in *Geoponika*, I.9.

3 私が「カルドン」と訳した語の原語は *agrestis carduus* で、もしかすると違う植

物かもしれない。現代の植物性レンネットのリストには推測の域を出ない不確かなものがいくつかあるが、それはコルメラの文献に記されたこの語の解釈によるものだ。

4 この詩で「柔らかすぎる」に Nesh という単語が使われているが、この語はかつてイングランド地方部でよく用いられていた。

5 W. B. Stanford, *The Odyssey of Homer*, vol. 1 (London, 1947), p. 357 など。

6 John Gerard, *Herball* (London, 1597), pp. 1126–8.

7 Diane Kochilas, *The Glorious Foods of Greece* (New York, 2001), p. 394.

8 このエピソードはイタリアの政治家フランコ・ロダーノが語ったものだとされている（www.katciumartel.it/pensiero_debole.htm. 参照）が、別の人物だという説もある。

9 In his *La miniera del mondo* (Milan, 1990), p. 90.

10 18 世紀の歴史家ル・グラン・ドシーはこの文献を深く研究していた。近年ブリーチーズの専門家たちは、原書で使用されているラテン語の「aerugo」が本書で私が訳した「カビ」ではなく「表皮」を意味し、この逸話のチーズはブリーのことだと主張している。ノトケルの英訳者ルイス・ソープや、この逸話についての議論をオンライン（www.heatherrosejones.com/simplearticles/charlemagnescheese.html）で行ったヘザー・ジョーンズも（驚くべきことに）「aerugo」を「表皮」だと認めている。だが、次の 3 つの理由でそれは間違いだ。第一に、「aerugo」にはそもそも「表皮」という意味はない。第二に、チーズの表皮が一番美味しい部分だという主張は一般的ではない。第三に、もし表皮という意味なら、品質を確かめるために司教がチーズを半分に切る必要があるだろうか？

11 André L. Simon, *Cheeses of the World* (London, 1960), p. 29.

12 Giovan Cosimo Bonomo,*Osservazioni intorno a' pellicelli del corpo umano* (1687).

13 Valentina Harris, *Edible Italy* (London, 1988), p. 150.

14 Osbert Burdett, *A Little Book of Cheese* (London, 1935), p. 93.

第 4 章　チーズの楽しみ方

1 以下はアテナイオスの『食卓の賢人たち』の 403e、321c、324a、646b で引用されたものだ。引用元の初期の文献は現存しない。クロノスはギリシアの神々の王で、その後ゼウスに倒された。

2 Charles Perry, 'Sicilian Cheese in Medieval Arab Recipes', in *Gastronomica*, vol. 1, no. 1 (2001) pp. 76–7.

3 *Prodromic Poems* 3.178–86 from *Poèmes prodromiques en grec Vulgaire*, ed. D.-C. Hesseling, H. Pernot (1910).

4 Philodemos in *Anthologia Palatina*, 9.412.

5 *Hermeneumata Pseudodositheana*, ed. Georgius Goetz (1892).

6 Ephippos fragment 3 quoted by Athenaios, *Deipnosophistai*, 370d.

7 Xenophanes quoted by Athenaios, *Deipnosophistai*, 462c.

8 François Rabelais, *Le quart livre*, Chapter 9.

9 T. A. Layton, *Choose Your Cheese* (London, 1957), p. 35. に、フランスではかなり以前からさまざまなチーズが存在したが、イギリスでは比較的新しい概念だと書かれている。

10 *Historia Augusta*, 'Antoninus Pius', 12.8.

11 Knirim's obituary, *New York Times* (15 October 1927), and the memoir in Frederick L. Hackenberg, *A Solitary Parade* (New York, 1929) 参照。

12 Pierre Boisard, *Camembert: A National Myth* (Berkeley, 2003) に詳細がある。

13 Printed by Rufus W. Griswold at Vergennes, VT.

14 Frederick Accum's *Treatise on Adulterations of Food and Culinary Poisons* (London, 1820) には質の悪いチーズについてかなりのページが割かれている。

15 John Frith, *Antithesis of Christ's Acts (1529);* John Wilkins, *Discovery of a New World* (1638); John Heywood, *Proverbs* (1546) と比較参照。

16 Harry A. Hoffner, 'Milch(produkte)' in *Reallexikon der Assyriologie*, vol. 8, ed. Erich Ebeling, Bruno Meissner et al. (1978), pp. 189–205.

17 ここで描かれているチーズの親戚に現在ドイツで製造されているロマドゥール、ベルギーでつくられたとされるレメドー、そしてレモドゥーがある（もっとも、これはエルヴの別名だと言われている）が、知名度は高くない。Roland Barthélémy and Arnaud Sperat-Czar, *Cheeses of the World:A Season-by-Season Guide to Buying, Storing and Serving* (London, 2004), pp. 140, 202 参照。

18 1801 年から 1937 年にかけて製造されたチーズのリストが T. A. Layton, *Choose Your Cheese* (London, 1957), pp. 17–21 に記載されているが、情報の正確性には疑問が残る。

レシピ集

◉子山羊のシチュー

イェール大学所蔵バビロニア粘土板、No. 4644（1985年の『*Biblical Archaeologist*』誌より、J・ボッテロ著「The Cuisine of Ancient Mesopotamia（古代メソポタミアの食事）」を翻訳）。
＊サミデュ、シュプティニュが何かは不明。

頭、脚、尾は［鍋に入れる前に］焼いておく。肉を取り出す。水を沸騰させ、脂、タマネギ、サミデュ、ニラネギ、ニンニク、血と新鮮なチーズ適量を入れてよく混ぜ合わせる。薄味のシュプティニュ同量を加える。

………………………………………………

◉ホウボウ［白身の魚の名］のグリル

2世紀の作家アテナイオスが書いた『食卓の賢人たち』より、笛吹きドリオンのエピソードの引用。

ホウボウを背骨に沿って割いて焼き、新鮮なハーブ、チーズ、シルフィウム、塩、オリーブオイルで味付けする。裏返してオイルを足し、塩を振る。最後に火から下ろして酢に漬ける。

………………………………………………

◉昔ながらのジャンケット

農業手引書『ゲオポニカ』より、パキサモスのエピソードの引用。

メルケ（ジャンケットの一種）は簡単につくることができる。特に、新しい土鍋に強い酢を注ぎ、熱い灰の上に置くか炭火などでゆっくり加熱すると良い味になる。酢が沸騰し始めたら煮詰まらないうちに火から下ろし、ミルクを注いでから戸棚などに置いておく。翌日には、手の込んだ方法でつくるよりずっと美味しいメルケができている。土鍋は1、2回使ったら交換する。

………………………………………………

◉マイマ

アテナイオスが『食卓の賢人たち』でエパネト［新約聖書に登場する人物］の話を引用したもの。ゲテイオンとはタマネギの一種で、エシャロットに似たものと思われる。この古代ギリシアのレシピでは、「いけにえの肉」は子羊、子山羊、豚肉、牛肉を指す。

いけにえの肉を使ったマイマの作り方。赤身肉を細かく切り、肝臓とくず肉、血液、酢、溶かしたチーズ、シルフィウム、クミン、タイムの葉と種、ローマヒソップ、コリアンダーの葉と種、ゲテイオン、皮を剝いて揚げたタマネギ（またはケシの種）、干しブドウ（または蜂蜜）、酸味のあるザクロの種を混ぜて細かく刻む。

◉農夫の昼食

『モレトゥム』より。この詩はウェルギリウス作とされ、農夫が昼食の準備をする様子を描いている。モレトゥムとはニンニクとチーズをまぜた刺激の強いスプレッドで、パンにつけて食べる。

農夫は指で軽く地面を掘り、肉厚の葉をつけたニンニクを４つ引き抜く。細いセロリの穂としっかりしたルー［ミカン科の常緑多年草］、風に揺れる細いコリアンダーの茎を摘み取る。それを持って火の前に座り、奴隷の娘にすり鉢を持って来させる。農夫は葉が出ている球根に水をかけ、空のすり鉢に入れる。塩粒で味を整えた後硬いチーズを加え、ハーブを混ぜ入れる。右手で乳棒を持ってニンニクを潰し、全部の材料をすり潰して円を描くように混ぜ合わせる。徐々に材料が混ざって見分けがつかなくなり、色も１色になっていく。完全な緑色でもなく（白みがかっているため）、輝くような白でもない（多くのハーブの色が着いているため）。作業は続く。手つきからはぎこちなさが消え、重々しくゆっくりと乳棒を回転させる。アテナのオリーブオイルを数滴振りかけ、酸味の強い酢を少々加え、再び混ぜ合わせる。最後に、２本の指をすり鉢の周りで回して中身を球状にまとめる。こうして完成したモレトゥムは名前の通りサラダのようだ［モレトゥムには「サラダ」という意味がある］。その間に、忙しい妻スキュベールは一斤のパンを焼く。

◉消化剤

コルメラ著『農業の手引』より。ほかの資料によると、古代北アフリカのスパイス、シルフィウムはコルメラの時代にはすでに入手不可能になっていたため、アサフォエティダが代用品として使われた。コルメラには申し訳ないが、アサフォエティダの使用は控えめにしたほうが無難だ。

オキシポロン：コショウ（あれば白、なければ黒）３オンス（約 85 グラム）、セロリの種２オンス（約 57 グラム）、ギリシア人がシルフィウムと呼ぶレーザー［セリ科の植物］の根 1.5 オンス（約 43 グラム）、チーズ２セクスタン（約 57 グラム）を砕いてふるいにかけ、蜂蜜と混ぜ、新しい瓶で保存する。必要なときに必要な量だけ酢とガルムを混ぜる。シルフィウムではなくアサフォエティダを使う場合は、半オンス（約 14 グラム）増やすとよい。

◉保存チーズ

コルメラ著『農業の手引』より。密閉できる瓶があれば松ヤニを容器の内側に塗る必要はない。少量の松ヤニを加えるだけで風味づけになる。

チーズの保存方法は次の通り。１年熟成させた硬い羊乳チーズの大きな塊を切って、松ヤニを塗った土製の壺に順番に入れてから最高品質のブドウ液をチーズより上まで注ぐ。（チーズが液を吸収するので、完全に覆わないとチーズが劣化す

る可能性がある)。壺を満たしたら石膏で密閉する。20日後に開封して食べることができる。好みで香味料をかけてもいいが、そのままでも美味しい。

…………………………………………

◉サラ・カッタビア

『アピシウス』より、サラ・カッタビアの3つのレシピのうちのひとつ。ヴェスティンは、ローマにほど近い地域で製造される若い羊あるいは山羊の乳を原料としたチーズだ。

乳鉢にセロリシード、乾燥させたメグサハッカとハッカ、ショウガ、コリアンダーの葉、種を取った干しブドウ、蜂蜜、酢、油、ワインを入れ、すり潰す。鍋にピチェンティーヌのパンをちぎって入れ、鶏肉、子山羊の脾臓、ヴェスティン・チーズ、松の実、キュウリ、細かく刻んだ乾燥タマネギと混ぜる。乳鉢の中身を注ぎ入れ、雪を散らして供する。

…………………………………………

◉チーズ「スライス 」

イェール大学バイネッキ貴重書・手稿図書館163、No.135(『ポタージュの法則』コンスタンス・B・ハイアット編、1988年)。ハイアットはセミソフトチーズ6オンス(約170グラム)、バター2オンス(約57グラム)、澄んだ蜂蜜大さじ2杯、卵黄8個を中火のオーブンで約25分焼くことを提案している。

レチェ・フライ:ソフトチーズを食べやすい大きさに切り、熱湯で溶かす。チーズが溶けて流れ出てきたら、できる限り湯だけを丁寧に捨てる。溶かした澄ましバターと澄んだ蜂蜜をたっぷり加え、卵黄とよく混ぜ合わせる。パイ生地をなるべく薄く、側面が低くなるようにつくる。チーズ、バター、蜂蜜を混ぜたものを底が隠れるまで流し入れ、軽く焼いてから供する。

…………………………………………

◉バイキングパイ

『ル・ヴィアンディエ』(最古の料理書と言われる。スカリィ編、1988年)。この書にはパイ皮や調理方法についての具体的な指示はない。スカリィは、おそらく詰め物を小さなパイに入れて揚げるのだろうと推測している。

パスティ・ヌルロワ:細かく刻んでよく焼いた肉、松の実のペースト、スグリ、細かく砕いた濃厚なチーズ、塩と砂糖少々を用意する。

…………………………………………

◉リコッタ

プラティナ著『正しい食卓がもたらす喜びと健康』より。リコッタに少量のローズウォーターを加える、と書かれたレシピもある(バルトロメオ・ボルド著『食物と栄養に関する書 *Libro della natura delle cose che nutriscono*』1576年)。

チーズをつくる際に排出された乳清を大釜に入れ、脂肪分がすべて表面に浮き上がるまでじっくり加熱する。余ったミルクを加熱してつくることから、田舎では

これをリコクタ（再び熱する、の意）と呼ぶ。真っ白でまろやかな味わいで、新鮮なチーズや中程度に熟成したチーズほど体に良いわけではないが、熟成チーズや塩分過多のチーズよりは健康的であろう。コクタ、あるいはリコクタと呼ばれるこのチーズは多くのレシピ、特に緑黄色野菜を用いるレシピに使われる。

……………………………………………

◉チーズケーキ

『ケネルム・ディグビー卿の戸棚の中』（1648年版）より。「棺桶」の形はどうあるべきか？　風刺が効いた『マープレリト書簡』には「司教の帽子のような形が良い」とある。

搾りたてでまだ温かい牛乳12クォート（約14リットル）にスプーン1杯のレンネットを加えてかき混ぜる。固まったらほぐしてから大きめの濾し器に入れて上下に振り、乳清がすべて小さな桶に流れ出るようにする。排出し終わったらさらに絞る。凝乳を砕いてさらに絞り、乳清を排出する。乳清が完全に排出されるまでこれを繰り返す。その後、盆に乗せた凝乳を手でよく練って均一なペースト状にする。取れたての卵8個分の黄身と白身2個分、バター1ポンド（約450グラム）を加えてさらによく練る。その後、細かく泡立てた砂糖で味を調え、クローブとナツメグの皮を粉状にして加える。このきめ細かい生地を分厚い棺桶型に整えて焼く。

……………………………………………

◉陶器入りチェシャーチーズ

ハナー・グラス著『料理術』1747年版より。豊かな風味のカナリア諸島産ワインがなければ、オロロソというシェリー酒で代用できる。

チェシャーチーズ3ポンド（約1.4キロ）とできるだけ高品質の新鮮なバター半ポンド（約225グラム）をすり鉢に入れ、よく混ぜ合わせる。混ぜながら、濃厚なカナリア諸島産ワイン1ジル（約118*ml*）と、細かくすり潰して目の細かい濾し器で粉末状にしたナツメグの皮0.5オンス（約14グラム）を加える。すべてがきれいに混ざったら、小ぶりの陶器の壺に入れ、澄ましバターを注いでから涼しい場所で保存する。これを薄切りにしたものは、どんなクリームチーズよりも味が良い。

……………………………………………

◉ウェルシュ・ラビット

ハナー・グラス著『料理術』1747年版より。スコッチ・ラビット、イングリッシュ・ラビットというアレンジ料理のレシピも同書に掲載されている。

ウェルシュ・ラビットのつくり方。パンの両面を焼く。チーズの片面を焼いてパンに乗せ、熱した鉄板でもう片面をきつね色になるまで焼く。マスタードを塗ってもよい。

……………………………………………

◉リプタウアー

マリア・カネヴァ=ジョンソン著『メルティング・ポット：バルカン諸国の食べ物と料理法』（1995年）より。

軽く水切りしたクワルクまたは無塩のフレッシュな白チーズ 150 グラム、無塩バター 75 グラム（室温）、すりおろしたタマネギ小さじ 1、皮をむいて半分に切った固ゆで卵 2 個、粒マスタード小さじ 1、挽くか叩いたキャラウェイシード小さじ 1/2、パプリカ小さじ 1/2、塩小さじ 1/2、コショウ（できれば白）適量。すべての材料を混ぜ合わせ、フードプロセッサーで滑らかなクリーム状にするか、濾し器で濾す。冷やして、全粒粉パンかライ麦パンと一緒にいただく。

アンドリュー・ドルビー（Andrew Dalby）
1947年、英国リヴァプール生まれ。ケンブリッジ大学卒業。フランスを拠点に活躍する言語学者、翻訳家、歴史学者。英国言語学会名誉特別会員。『スパイスの人類史』（原書房）で、国際グルメ協会“世界の料理書大全”英語部門最優秀賞を受賞。邦訳書に『［図説］朝食の歴史』（原書房）がある。

富原まさ江（とみはら・まさえ）
出版翻訳者。『目覚めの季節〜エイミーとイザベル』（DHC）でデビュー。小説・エッセイ・映画・音楽関連など幅広いジャンルの翻訳を手がけている。訳書に『花と木の図書館 桜の文化誌』『同 ベリーの文化誌』『同 ゼラニウムの文化誌』『図説 デザートの歴史』『「食」の図書館 ベリーの歴史』『同 ヨーグルトの歴史』『世界を騙した女詐欺師たち』（以上原書房）、『ノーラン・ヴァリエーションズ：クリストファー・ノーランの映画術』（玄光社）、『サフラジェット：平等を求めてたたかった女性たち』（合同出版）ほかがある。

Cheese: A Global History by Andrew Dalby
was first published by Reaktion Books, London, UK, 2009, in the Edible series.

Japanese translation rights arranged with Reaktion Books Ltd., London
through Tuttle-Mori Agency, Inc., Tokyo

「食」の図書館

チーズの歴史

●

2024年1月31日　第1刷

著者……………アンドリュー・ドルビー
訳者……………富原まさ江
装幀……………佐々木正見
発行者……………成瀬雅人
発行所……………株式会社原書房

〒160-0022 東京都新宿区新宿1-25-13
電話・代表03(3354)0685
振替・00150-6-151594
http://www.harashobo.co.jp

印刷……………新灯印刷株式会社
製本……………東京美術紙工協業組合

ISBN 978-4-562-07357-3, Printed in Japan